职业教育"十三五"
数字媒体应用人才培养规划教材

Dreamweaver CS6
实例教程

第 5 版｜微课版

汤强／主编　陈子健／副主编

人民邮电出版社

北　京

图书在版编目（CIP）数据

Dreamweaver CS6实例教程：微课版 / 汤强主编
. -- 5版. -- 北京：人民邮电出版社，2019.11
职业教育"十三五"数字媒体应用人才培养规划教材
ISBN 978-7-115-52690-8

Ⅰ. ①D… Ⅱ. ①汤… Ⅲ. ①网页制作工具－职业教育－教材 Ⅳ. ①TP393.092.2

中国版本图书馆CIP数据核字(2019)第274265号

内 容 提 要

本书全面、系统地介绍了 Dreamweaver CS6 的基本操作方法和网页设计制作技巧，包括初识 Dreamweaver CS6、文本与文档、图像和多媒体、超链接、使用表格、使用框架、使用层、CSS 样式、模板和库、使用表单、使用行为、网页代码、综合设计实训等内容。

书中内容以课堂案例为主线，每个案例都给出了详细的操作步骤和图文演示，学生通过实际操作可以快速熟悉软件功能并领会设计思路；每章的软件功能解析部分能使学生深入了解软件功能和制作特色；另外，本书主要章节的最后还安排了课堂练习和课后习题，可以训练学生的实际应用能力。

本书可以作为职业院校数字媒体艺术类专业课程的教材，也可供初学者自学参考。

◆ 主　　编　汤　强

副 主 编　陈子健

责任编辑　桑　珊

责任印制　马振武

◆ 人民邮电出版社出版发行　　北京市丰台区成寿寺路 11 号

邮编　100164　电子邮件　315@ptpress.com.cn

网址　http://www.ptpress.com.cn

固安县铭成印刷有限公司印刷

◆ 开本：787×1092　1/16

印张：17　　　　　　　2019 年 11 月第 5 版

字数：430 千字　　　　2024 年 12 月河北第 10 次印刷

定价：49.80 元

读者服务热线：**(010)81055256**　印装质量热线：**(010)81055316**
反盗版热线：**(010)81055315**

广告经营许可证：京东市监广登字20170147号

Dreamweaver CS6 是由 Adobe 公司开发的网页设计与制作软件。它功能强大、易学易用，深受网页制作爱好者和网页设计师的喜爱。目前，我国很多职业院校的数字媒体艺术类专业都将"Dreamweaver"作为一门重要的专业课程。为了帮助职业院校的教师全面、系统地讲授这门课程，使学生能够熟练地使用 Dreamweaver 进行网页设计，我们组织长期在职业院校从事 Dreamweaver 教学的教师和专业网页设计公司经验丰富的设计师共同编写了本书。

本书全面贯彻党的二十大精神，以社会主义核心价值观为引领，传承中华优秀传统文化，坚定文化自信，使内容更好体现时代性、把握规律性、富于创造性。

本书按照"课堂案例→软件功能解析→课堂练习→课后习题→商业设计实训"的思路进行编排，力求通过课堂案例演练，使学生快速熟悉软件功能和设计思路；通过软件功能解析，使学生深入了解软件功能和制作特色；通过课堂练习和课后习题，训练学生的实际应用能力。在内容方面，力求细致全面、重点突出；在文字叙述方面，做到言简意赅、通俗易懂；在案例选取方面，注意案例的针对性和实用性。

为方便教师教学，本书配备了全部案例的素材及效果文件、详尽的课堂练习和课后习题的操作步骤以及 PPT 课件、教学大纲等丰富的教学资源，任课教师可到人邮教育社区（www.ryjiaoyu.com）免费下载使用。本书的参考学时为 68 学时，其中实训环节为 32 学时。各章的参考学时参见下面的学时分配表。

第5版前言

章	课程内容	学时分配	
		讲授（学时）	实训（学时）
第1章	初识 Dreamweaver CS6	1	
第2章	文本与文档	2	3
第3章	图像和多媒体	2	3
第4章	超链接	2	2
第5章	使用表格	3	4
第6章	使用框架	3	3
第7章	使用层	4	2
第8章	CSS 样式	3	3
第9章	模板和库	4	2
第10章	使用表单	4	4
第11章	使用行为	4	2
第12章	网页代码	2	2
第13章	综合设计实训	2	2
学时总计		36	32

　　由于编者水平有限，书中难免存在不妥之处，敬请广大读者批评指正。

编　者

2023 年 5 月

《Dreamweaver CS6 实例教程（第 5 版）（微课版）》
教学辅助资源及配套教辅

素材类型	名称或数量	素材类型	名称或数量
教学大纲	1 套	课堂实例	33 个
电子教案	13 单元	课后实例	13 个
PPT 课件	13 个	课后答案	13 个
第 2 章 文本与文档	青山别墅网页	第 8 章 CSS 样式	人寿保险网页
	机电设备网页		爱插画网页
	电器城网店	第 9 章 模板和库	水果慕斯网页
	休闲度假村网页		水果批发网页
	葡萄酒网页		婚礼策划网页
	休闲旅游网页		食谱大全网页
第 3 章 图像和多媒体	纸杯蛋糕网页	第 10 章 使用表单	用户登录网页
	绿色农场网页		人力资源网页
	咖啡网页		健康测试网页
	木工网页		OA 登录系统页面
第 4 章 超链接	创意设计网页		创新生活网页
	温泉度假网页		房屋评估网页
	金融投资网页	第 11 章 使用行为	婚戒网页
	世界景观网页		全麦面包网页
	世界旅游网页		清凉啤酒网页
	家装设计网页		卫浴网页
第 5 章 使用表格	租车网页	第 12 章 网页代码	风景摄影网页
	典藏博物馆网页		品质狂欢节网页
	OA 办公系统网页		商业公司网页
	信用卡网页		土特产网页
第 6 章 使用框架	牛奶饮品网页	第 13 章 综合设计实训	张发的个人网页
	建筑规划网页		瑜伽休闲网页
	阳光外语小学网页 1		旅游度假网页
	阳光外语小学网页 2		焦点房产网页
第 7 章 使用层	时尚前沿网页		锋芒游戏网页
	海贷金融网页		设计书法艺术网页
	鲜花速递网页		设计电影在线网页
	信业融资网页		设计篮球运动网页
第 8 章 CSS 样式	山地车网页		设计电子商城网站
	汽车配件网页		

目 录

第 1 章

初识 Dreamweaver CS6　　**1**

1.1　Dreamweaver CS6 的工作界面　　**2**

1.1.1　友善的开始界面　　2

1.1.2　不同风格的界面　　2

1.1.3　伸缩自如的功能面板　　2

1.1.4　多文档的编辑界面　　3

1.1.5　新颖的"插入"面板　　3

1.1.6　更完整的 CSS 功能　　5

1.2　创建网站框架　　**5**

1.2.1　站点管理器　　6

1.2.2　创建文件夹　　7

1.2.3　定义新站点　　7

1.2.4　创建和保存网页　　8

1.3　管理站点文件和文件夹　　**9**

1.3.1　重命名文件和文件夹　　9

1.3.2　移动文件和文件夹　　9

1.3.3　删除文件或文件夹　　10

1.4　管理站点　　**10**

1.4.1　打开站点　　10

1.4.2　编辑站点　　10

1.4.3　复制站点　　11

1.4.4　删除站点　　11

1.4.5　导入和导出站点　　11

1.5　网页文件头设置　　**12**

1.5.1　插入搜索关键字　　12

1.5.2　插入作者和版权信息　　13

1.5.3　设置刷新时间　　13

1.5.4　设置描述信息　　14

1.5.5　设置页面中所有链接的
基准链接　　14

1.5.6　设置当前文件与其他文件的
关联性　　15

第 2 章

文本与文档　　**16**

2.1　文本与文档　　**17**

2.1.1　课堂案例——青山别墅网页　　17

2.1.2　输入文本　　19

2.1.3　设置文本属性　　20

2.1.4　输入连续的空格　　20

2.1.5　设置是否显示不可见元素　　21

2.1.6　设置页边距　　22

2.1.7　设置网页的标题　　22

2.1.8　设置网页的默认格式　　23

2.1.9　课堂案例——机电设备
网页　　23

2.1.10　改变文本的大小　　26

2.1.11　改变文本的颜色　　27

2.1.12　改变文本的字体　　28

2.1.13　改变文本的对齐方式　　29

2.1.14　设置文本样式　　30

2.1.15　段落文本　　30

2.2　项目符号和编号列表　　**32**

2.2.1　课堂案例——电器城网店　　32

2.2.2　设置项目符号或编号　　34

2.2.3　修改项目符号或编号　　34

2.2.4　设置文本缩进格式　　35

目 录

2.2.5 插入日期 35
2.2.6 插入特殊字符 35
2.2.7 插入换行符 36
2.3 水平线、网格与标尺 37
2.3.1 课堂案例——休闲度假村
网页 37
2.3.2 水平线 40
2.3.3 网格 40
2.3.4 标尺 41
2.4 课堂练习——葡萄酒网页 42
2.5 课后习题——休闲旅游网页 43

第 3 章
图像和多媒体 44

3.1 图像的使用技巧 45
3.1.1 课堂案例——纸杯蛋糕网页 45
3.1.2 网页中的图像格式 47
3.1.3 插入图像 48
3.1.4 设置图像属性 48
3.1.5 给图片添加文字说明 49
3.1.6 插入图像占位符 49
3.1.7 跟踪图像 50
3.2 多媒体在网页中的应用 51
3.2.1 课堂案例——绿色农场网页 51
3.2.2 插入 Flash 动画 53
3.2.3 插入 FLV 54
3.2.4 插入 Shockwave 影片 55
3.2.5 插入 Applet 程序 56
3.2.6 插入 ActiveX 控件 56
3.3 课堂练习——咖啡网页 57
3.4 课后习题——木工网页 57

第 4 章
超链接 59

4.1 超链接的概念与路径知识 60
4.2 文本超链接 60
4.2.1 课堂案例——创意设计网页 60
4.2.2 创建文本超链接 62
4.2.3 设置文本的链接状态 64
4.2.4 创建下载文件超链接 65
4.2.5 创建电子邮件超链接 65
4.3 图像超链接 66
4.3.1 课堂案例——温泉度假网页 66
4.3.2 建立图像超链接 68
4.3.3 鼠标经过图像超链接 69
4.4 命名锚记超链接 70
4.4.1 课堂案例——金融投资网页 70
4.4.2 创建命名锚记超链接 74
4.5 热点超链接 75
4.5.1 课堂案例——世界景观网页 76
4.5.2 创建热点超链接 77
4.6 课堂练习——世界旅游网页 78
4.7 课后习题——家装设计网页 79

第 5 章
使用表格 80

5.1 表格的简单操作 81
5.1.1 课堂案例——租车网页 81
5.1.2 表格的组成 86
5.1.3 插入表格 87
5.1.4 表格各元素的属性 88
5.1.5 在表格中插入内容 89

CONTENTS

5.1.6 选择表格元素 90
5.1.7 复制、粘贴表格 92
5.1.8 删除表格和表格内容 92
5.1.9 缩放表格 93
5.1.10 合并和拆分单元格 93
5.1.11 增加和删除表格的行和列 94
5.2 网页中的数据表格 95
5.2.1 课堂案例——典藏博物馆网页 95
5.2.2 导入和导出表格的数据 100
5.2.3 排序表格 103
5.3 复杂表格的排版 104
5.4 课堂练习——OA 办公系统网页 104
5.5 课后习题——信用卡网页 105

第 6 章
使用框架 106

6.1 框架与框架集 107
6.1.1 课堂案例——牛奶饮品网页 107
6.1.2 建立框架集 110
6.1.3 为框架添加内容 111
6.1.4 保存框架 111
6.1.5 框架的选择 112
6.1.6 修改框架的大小 113
6.1.7 拆分框架 114
6.1.8 删除框架 114
6.2 框架的属性设置 114
6.2.1 课堂案例——建筑规划网页 115
6.2.2 框架属性 120
6.2.3 框架集的属性 121
6.2.4 框架中的链接 122
6.2.5 改变框架的背景颜色 123
6.3 课堂练习——阳光外语小学 网页 1 123

6.4 课后习题——阳光外语小学
网页 2 124

第 7 章
使用层 125

7.1 层的基本操作 126
7.1.1 课堂案例——时尚前沿网页 126
7.1.2 创建层 128
7.1.3 选择层 130
7.1.4 设置层的默认属性 130
7.1.5 AP 元素面板 131
7.1.6 更改层的堆叠顺序 131
7.1.7 更改层的可见性 131
7.1.8 调整层的大小 132
7.1.9 移动层 133
7.1.10 对齐层 133
7.1.11 层靠齐到网格 134
7.2 应用层设计表格 135
7.2.1 课堂案例——海贷金融网页 135
7.2.2 将 AP Div 转换为表格 136
7.2.3 将表格转换为 AP Div 137
7.3 课堂练习——鲜花速递网页 138
7.4 课后习题——信业融资网页 138

第 8 章
CSS 样式 140

8.1 CSS 样式的概念 141
8.2 CSS 样式 141
8.2.1 "CSS 样式"面板 141
8.2.2 CSS 样式的类型 142

目录

8.3 样式的类型与创建   **143**

   8.3.1 创建重定义 HTML 标签样式   143

   8.3.2 创建 CSS 选择器   144

   8.3.3 创建和应用自定义样式   145

   8.3.4 创建和引用外部样式   146

8.4 编辑样式   **147**

8.5 CSS 的属性   **148**

   8.5.1 课堂案例——山地车网页   148

   8.5.2 类型   152

   8.5.3 背景   153

   8.5.4 区块   154

   8.5.5 方框   155

   8.5.6 边框   156

   8.5.7 列表   156

   8.5.8 定位   157

   8.5.9 扩展   158

   8.5.10 过渡   159

8.6 过滤器   **159**

   8.6.1 课堂案例——汽车配件网页   159

   8.6.2 可应用过滤的 HTML 标签   162

   8.6.3 CSS 的静态过滤器   162

   8.6.4 CSS 的动态过滤器   163

8.7 课堂练习——人寿保险网页   **163**

8.8 课后习题——爱插画网页   **164**

第 9 章
模板和库   165

9.1 "资源"面板   **166**

9.2 模板   **166**

   9.2.1 课堂案例——水果慕斯网页   167

   9.2.2 创建模板   170

   9.2.3 定义和取消可编辑区域   171

   9.2.4 创建基于模板的网页   174

   9.2.5 管理模板   175

9.3 库   **176**

   9.3.1 课堂案例——水果批发网页   177

   9.3.2 创建库文件   181

   9.3.3 向页面添加库项目   182

   9.3.4 更新库文件   183

9.4 课堂练习——婚礼策划网页   **184**

9.5 课后习题——食谱大全网页   **185**

第 10 章
使用表单   186

10.1 使用表单   **187**

   10.1.1 课堂案例——用户登录网页   187

   10.1.2 创建表单   190

   10.1.3 表单的属性   191

   10.1.4 单行文本域   192

   10.1.5 隐藏域   194

10.2 应用复选框和单选按钮   **194**

   10.2.1 课堂案例——人力资源网页   194

   10.2.2 单选按钮   197

   10.2.3 单选按钮组   197

   10.2.4 复选框   198

10.3 创建列表和菜单   **199**

   10.3.1 课堂案例——健康测试网页   199

   10.3.2 创建列表和菜单   202

   10.3.3 创建跳转菜单   203

   10.3.4 课堂案例——OA 登录系统
        页面   205

   10.3.5 创建文件域   208

   10.3.6 创建图像域   209

   10.3.7 提交、无、重置按钮   210

CONTENTS

10.4 课堂练习——创新生活网页 **211**

10.5 课后习题——房屋评估网页 **211**

第 11 章
使用行为 **213**

11.1 行为 **214**

    11.1.1 "行为"面板 214

    11.1.2 应用行为 214

11.2 动作 **215**

    11.2.1 课堂案例——婚戒网页 215

    11.2.2 调用 JavaScript 218

    11.2.3 打开浏览器窗口 219

    11.2.4 转到 URL 220

    11.2.5 课堂案例——全麦面包网页 221

    11.2.6 检查插件 223

    11.2.7 检查表单 224

    11.2.8 交换图像 225

    11.2.9 课堂案例——清凉啤酒网页 226

    11.2.10 显示-隐藏元素 227

    11.2.11 设置容器的文本 230

    11.2.12 设置状态栏文本 231

    11.2.13 设置文本域文字 231

    11.2.14 设置框架文本 232

    11.2.15 跳转菜单 233

    11.2.16 跳转菜单开始 233

11.3 课堂练习——卫浴网页 **234**

11.4 课后习题——风景摄影网页 **235**

第 12 章
网页代码 **236**

12.1 网页代码 **237**

    12.1.1 课堂案例——品质狂欢节 网页 237

    12.1.2 使用"参考"面板 239

    12.1.3 代码提示功能 240

    12.1.4 使用标签库插入标签 240

    12.1.5 用标签选择器插入标签 241

12.2 编辑代码 **242**

    12.2.1 使用标签检查器编辑代码 242

    12.2.2 使用标签编辑器编辑代码 243

12.3 常用的 HTML 标签 **243**

12.4 脚本语言 **244**

12.5 响应 HTML 事件 **245**

12.6 课堂练习——商业公司网页 **246**

12.7 课后习题——土特产网页 **246**

第 13 章
综合设计实训 **248**

13.1 个人网页——张发的个人 网页 **249**

    13.1.1 【项目背景及要求】 249

    13.1.2 【项目创意及制作】 249

13.2 休闲网页——瑜伽休闲网页 **250**

    13.2.1 【项目背景及要求】 250

    13.2.2 【项目创意及制作】 250

13.3 旅游网页——旅游度假网页 **251**

    13.3.1 【项目背景及要求】 251

    13.3.2 【项目创意及制作】 251

13.4 房产网页——焦点房产网页 **252**

    13.4.1 【项目背景及要求】 252

    13.4.2 【项目创意及制作】 252

13.5 游戏网页——锋芒游戏网页 **253**

    13.5.1 【项目背景及要求】 253

目 录

13.5.2 【项目创意及制作】 254

13.6 课堂练习 1——设计书法艺术 网页 **254**

13.6.1 【项目背景及要求】 254

13.6.2 【项目创意及制作】 255

13.7 课堂练习 2——设计电影在线 网页 **255**

13.7.1 【项目背景及要求】 255

13.7.2 【项目创意及制作】 255

13.8 课后习题 1——设计篮球运动 网页 **256**

13.8.1 【项目背景及要求】 256

13.8.2 【项目创意及制作】 256

13.9 课后习题 2——设计电子商城 网站 **257**

13.9.1 【项目背景及要求】 257

13.9.2 【项目创意及制作】 257

附录 Dreamweaver 快捷键 **258**

扩展知识扫码阅读

设计基础知识

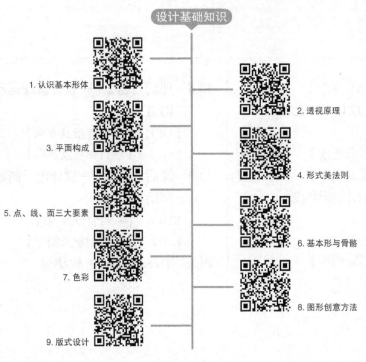

1. 认识基本形体

2. 透视原理

3. 平面构成

4. 形式美法则

5. 点、线、面三大要素

6. 基本形与骨骼

7. 色彩

8. 图形创意方法

9. 版式设计

设计应用知识

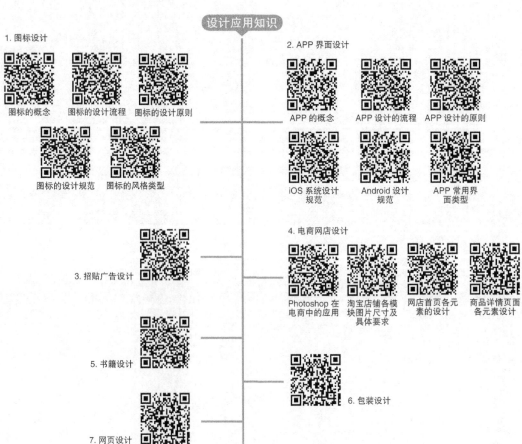

1. 图标设计

图标的概念　图标的设计流程　图标的设计原则

图标的设计规范　图标的风格类型

2. APP 界面设计

APP 的概念　APP 设计的流程　APP 设计的原则

iOS 系统设计规范　Android 设计规范　APP 常用界面类型

3. 招贴广告设计

4. 电商网店设计

Photoshop 在电商中的应用　淘宝店铺各模块图片尺寸及具体要求　网店首页各元素的设计　商品详情页面各元素设计

5. 书籍设计

6. 包装设计

7. 网页设计

01

第 1 章
初识 Dreamweaver CS6

本章介绍

网页是网站最基本的组成部分。网站之间并不是杂乱无章的，它们通过各种链接相互关联，描述相关的主题或实现相同的目的。本章主要介绍 Dreamweaver CS6 的工作界面、创建网站框架、管理站点文件和文件夹、管理站点和网页文件头设置等内容。

学习目标

- ✔ 掌握 Dreamweaver CS6 的工作界面
- ✔ 掌握使用站点管理器、创建文件夹、定义新站点、创建和保存网页的方法
- ✔ 掌握重命名、移动、删除文件和文件夹的方法
- ✔ 掌握站点的打开、编辑、复制、删除、导入和导出方法
- ✔ 掌握关键字、作者和版权信息、刷新时间、描述信息等其他文件头的设置方法

技能目标

- ✔ 熟练掌握站点管理器的使用方法
- ✔ 熟练掌握文件的重命名、移动、删除方法
- ✔ 熟练掌握站点的应用和编辑方法
- ✔ 熟练掌握文件头的设置方法

1.1 Dreamweaver CS6 的工作界面

Dreamweaver CS6 的工作区将多个文档集中到一个窗口中，不仅降低了系统资源的占用量，还可以使用户更方便地操作文档。Dreamweaver CS6 的工作窗口由 5 部分组成，分别是"菜单"命令、"插入"面板、"文档"窗口、面板组和"属性"面板。Dreamweaver CS6 的操作环境简洁明快，可大大提高网页的设计效率。

1.1.1 友善的开始界面

启动 Dreamweaver CS6 后首先看到的画面是开始界面，供用户选择新建文件的类型，或打开已有的文档等，如图 1-1 所示。

老用户如果不太习惯开始界面，可选择"编辑 > 首选参数"命令，或按 Ctrl+U 组合键，弹出"首选参数"对话框，取消勾选"显示欢迎屏幕"复选框，如图 1-2 所示。单击"确定"按钮完成设置。当用户再次启动 Dreamweaver CS6 时，将不再显示开始界面。

图 1-1

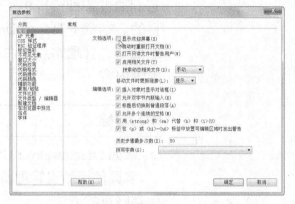

图 1-2

1.1.2 不同风格的界面

Dreamweaver CS6 的操作界面新颖淡雅、布局紧凑，为用户提供了一个轻松、愉悦的开发环境。

若用户想修改操作界面的风格，切换到自己熟悉的开发环境，可选择"窗口 > 工作区布局"命令，弹出其子菜单，如图 1-3 所示，在子菜单中选择"编码器"或"设计器"命令。选择其中一种界面风格，界面会发生相应的改变。

图 1-3

1.1.3 伸缩自如的功能面板

在浮动面板的右上方单击按钮，可以隐藏或展开面板，如图 1-4 所示。

如果用户觉得工作区不够大，可以将鼠标指针放在文档编辑窗口右侧与面板交界的框线处，当鼠标指针呈双向箭头时按住鼠标左键不放并拖曳鼠标，从而调整工作区的大小，如图 1-5 所示。若用户需要更大的工作区，可以将面板隐藏。

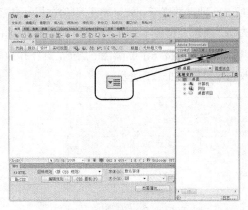 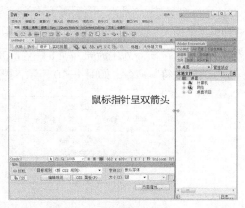

图 1-4   图 1-5

1.1.4 多文档的编辑界面

Dreamweaver CS6 提供了多文档的编辑界面，将多个文档整合在一起，方便用户在各个文档之间切换，如图 1-6 所示。用户可以单击文档编辑窗口上方的标签，切换到相应的文档。通过多文档的编辑界面，用户可以同时编辑多个文档。

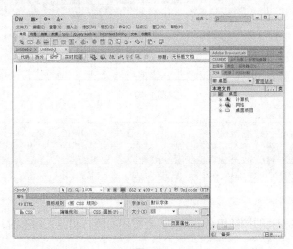

图 1-6

1.1.5 新颖的"插入"面板

Dreamweaver CS6 的"插入"面板在菜单栏的下方，如图 1-7 所示。

图 1-7

　　"插入"面板包括"常用""布局""表单""数据""Spry""jQuery Mobile""InContext Editing""文本""收藏夹"9 个选项卡，不同功能的按钮分门别类地放在不同的选项卡中。在 Dreamweaver CS6 中，"插入"面板可用菜单和选项卡两种方式显示。如果需要菜单样式，用户可用鼠标右键单击"插入"面板，在弹出的快捷菜单中选择"显示为菜单"命令，如图 1-8 所示，更改后效果如图 1-9 所示。用户如果需要选项卡样式，可单击"常用"按钮上的黑色三角形，在下拉菜单中选择"显示为制表符"命令，如图 1-10 所示，更改后效果如图 1-11 所示。

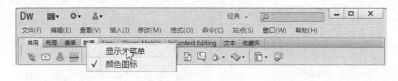

图 1-8

图 1-9

图 1-10

图 1-11

　　"插入"面板将一些相关的按钮组合成菜单，当按钮右侧有黑色三角形时，表示其为展开式按钮，如图 1-12 所示。

图 1-12

1.1.6　更完整的 CSS 功能

传统的 HTML 所提供的样式及排版功能非常有限，因此，复杂的网页版面主要靠 CSS 样式来实现。而 CSS 样式表的功能较多，语法比较复杂，需要用一个很好的工具软件有条不紊地整理复杂的 CSS 源代码，并适时地提供辅助说明。Dreamweaver CS6 就提供了这样方便有效的 CSS 功能。

"属性"面板提供了 CSS 功能。用户可以通过"属性"面板中"目标规则"中各个选项的下拉列表对所选的对象应用样式或创建和编辑样式，如图 1-13 所示。若某些文字应用了自定义样式，当用户调整这些文字的属性时，会自动生成新的 CSS 样式。

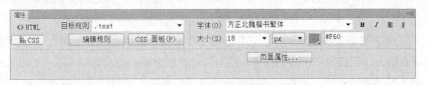

图 1-13

"页面属性"按钮也提供了 CSS 功能。单击"页面属性"按钮，或按 Ctrl+J 组合键，弹出"页面属性"对话框，如图 1-14 所示。用户可以在"分类"列表中选择"链接"选项，在右侧的"下划线样式"选项的下拉列表中设置超链接的样式，这个设置会自动转化成 CSS 样式，如图 1-15 所示。

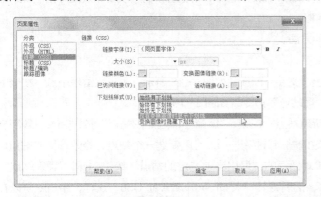

图 1-14

图 1-15

Dreamweaver CS6 除了提供图 1-16 所示的"CSS 样式"面板外，还提供了图 1-17 所示的"CSS 样式"面板。"CSS 样式"面板使用户可以轻松查看规则的属性设置，并可快速修改嵌入在当前文档或通过附加的样式表链接的 CSS 样式。可编辑的网格使用户可以更改显示的属性值。所做的更改都将立即应用，这使用户可以在操作的同时预览效果。

图 1-16

图 1-17

1.2　创建网站框架

所谓站点，可以看作是一系列文档的组合，这些文档通过各种链接建立逻辑关联。用户在建立网站前必须要建立站点，在修改某网页内容时，也必须打开站点，然后修改站点内的网页。在 Dreamweaver CS6 中，站点一词是下列任意一项的简称。

● Web 站点。从访问者的角度来看，Web 站点是一组位于服务器上的网页，使用 Web 浏览器访问该站点的访问者可以对其进行浏览。

● 远程站点。从创作者的角度来看，远程站点是远程站点服务器上组成 Web 站点的文件。

● 本地站点。与远程站点上的文件对应的本地磁盘上的文件。通常，先在本地磁盘上编辑文件，再将它们上传到远程站点服务器上。

Dreamweaver CS6 站点的定义是，本地站点的一组定义特性，以及有关本地站点和远程站点对应方式的信息。

在做任何工作之前都应该制订工作计划并画出工作流程，建立网站也是如此。在动手建立站点之前，需要先调查研究，记录客户所需的服务，然后以此规划出网站的功能结构图（即设计草图）及其设计风格，以体现站点的主题。另外，还要规划站点导航系统，避免浏览者在网页上"迷失方向"，找不到要浏览的内容。

1.2.1　站点管理器

站点管理器的主要功能包括新建站点、编辑站点、复制站点、删除站点以及导入或导出站点。若要管理站点，必须打开"管理站点"对话框。

弹出"管理站点"对话框有以下几种方法。

● 选择"站点 > 管理站点"命令。

● 选择"窗口 > 文件"命令，弹出"文件"面板，如图 1-18 所示。单击"管理站点"左侧的下拉列表，在弹出的下拉选项中选择"管理站点"命令，如图 1-19 所示。

在"管理站点"对话框中，通过"新建站点"按钮、"编辑当前选定的站点"按钮、"复制当前选点的站点"按钮和"删除当前选定的站点"按钮，可以新建一个站点、修改选择的站点、复制选择的站点、删除选择的站点。通过对话框的"导出当前选定的站点"按钮和"导入站点"按钮，用户可以将站点导出为 XML 文件，然后将其导入 Dreamweaver CS6，这样，用户就可以在不同的计算机和产品版本之间移动站点，或者与其他用户进行共享，如图 1-20 所示。

图 1-18

图 1-19

图 1-20

在"管理站点"对话框中，选择一个具体的站点，然后单击"完成"按钮，就会在"文件"面板中出现站点管理器的缩略图。

1.2.2　创建文件夹

建立站点前，要先在站点管理器中规划站点文件夹。

新建文件夹的具体操作步骤如下。

（1）在站点管理器的右侧窗口中单击选择站点。

（2）通过以下两种方法新建文件夹。

- 选择"文件 > 新建文件夹"命令。
- 用鼠标右键单击站点，在弹出的菜单中选择"新建文件夹"命令。

（3）输入新文件夹的名称。

一般情况下，若站点不复杂，可直接将网页存放在站点的根目录下，并在站点根目录中按照资源的种类建立不同的文件夹，存放不同的资源。例如，"image"文件夹存放站点中的图像文件，"media"文件夹存放站点的多媒体文件等。若站点复杂，需要根据实现的不同功能，在站点根目录中按板块创建子文件夹存放不同的网页，这样可以方便网站设计者修改网站。

1.2.3　定义新站点

建立好站点文件夹后用户就可定义新站点了。在 Dreamweaver CS6 中，站点通常包含两部分，即本地站点和远程站点。本地站点是本地计算机上的一组文件，远程站点是远程 Web 服务器上的一个位置。用户将本地站点中的文件发布到网络上的远程站点，使公众可以访问它们。在 Dreamweaver CS6 中创建 Web 站点，通常先在本地磁盘上创建本地站点，然后创建远程站点，再将这些网页的副本上传到一个远程 Web 服务器上，最终使公众可以访问它们。本节只介绍如何创建本地站点。

1．创建本地站点的步骤

（1）选择"站点 > 管理站点"命令，弹出"管理站点"对话框，如图 1-20 所示。

（2）在"管理站点"对话框中单击"新建站点"按钮，弹出"站点设置对象 未命名站点 3"对话框。在对话框中的"站点"选项卡中设置站点名称，如图 1-21 所示。单击"高级设置"选项，在弹出的选项卡中根据需要设置站点，如图 1-22 所示。

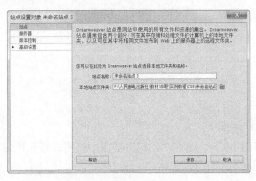

图 1-21　　　　　　　　　　　　　　　　　　　图 1-22

2．本地站点主要选项的作用

- "本地信息"选项。表示定义或修改本地站点。
- "站点名称"选项。在文本框中输入用户自定义的站点名称。
- "本地站点文件夹"选项。在文本框中输入本地磁盘中存储站点文件、模板和库项目的文件夹的名称，或者单击文件夹图标 查找到该文件夹。

● "默认图像文件夹"选项。在文本框中输入此站点的默认图像文件夹的路径，或者单击文件夹图标 查找到该文件夹。例如，将非站点图像添加到网页中时，图像会自动添加到当前站点的默认图像文件夹中。

● "区分大小写的链接检查"选项。勾选此复选框，则对区分大小写的链接进行检查。

● "启用缓存"选项：指定是否创建本地缓存以提高链接和站点管理任务的速度。若勾选此复选框，则创建本地缓存。

1.2.4 创建和保存网页

创建站点后，用户需要创建网页来组织要展示的内容。合理的网页名称非常重要，一般网页文件的名称应容易理解，能反映网页的内容。

在网站中有一个特殊的网页，即首页。每个网站必须有一个首页。访问者在 IE 浏览器的地址栏中输入网站地址就会进入该网站的首页。一般情况下，首页的文件名为"index.htm""index.html""index.asp""default.asp""default.htm"或"default.html"。

在标准的 Dreamweaver CS6 环境下，建立和保存网页的操作步骤如下。

（1）选择"文件 > 新建"命令，弹出"新建文档"对话框。选择"空白页"选项，在"页面类型"列表中选择"HTML"选项，在"布局"列表中选择"无"选项，创建空白网页，设置如图 1-23 所示。

（2）设置完成后，单击"创建"按钮，弹出文档窗口，新文档在该窗口中打开。根据需要，在文档窗口中选择不同的视图设计网页，如图 1-24 所示。

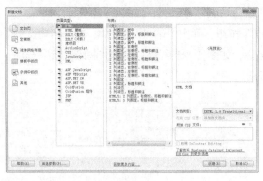

图 1-23

图 1-24

文档窗口有 3 种视图方式，这 3 种视图方式的作用如下。

● "代码"视图。对于有编程经验的网页设计用户而言，可在"代码"视图中查看、修改和编写网页代码，以实现特殊的网页效果。"代码"视图的效果如图 1-25 所示。

● "设计"视图。以所见即所得的方式显示所有网页元素，"设计"视图的效果如图 1-26 所示。

● "拆分"视图。将文档窗口分为左右两部分，左边是代码部分，显示代码；右边是设计部分，显示网页元素及其在页面中的布局。在此视图中，网页设计用户可以通过在设计部分单击网页元素的方式，快速地定位到要修改的网页元素代码的位置，进行代码的修改，也可以在"属性"面板中修改网页元素的属性。"拆分"视图的效果如图 1-27 所示。

图 1-25

图 1-26

（3）网页设计完成后，选择"文件 > 保存"命令，弹出"另存为"对话框，在"文件名"选项的文本框中输入网页的名称，如图 1-28 所示。单击"保存"按钮，将该文档保存在站点文件夹中。

图 1-27

图 1-28

1.3 管理站点文件和文件夹

前面介绍了在站点文件夹列表中创建文件和文件夹的方法。当站点结构发生变化时，还需要对站点文件和文件夹进行移动和重命名等操作。下面介绍如何在"文件"面板中的站点文件夹列表中对站点文件和文件夹进行管理。

1.3.1 重命名文件和文件夹

修改文件名或文件夹名称的具体操作步骤如下。

（1）选择"窗口 > 文件"命令，弹出"文件"面板，在其中选择要重命名的文件或文件夹。

（2）可以通过以下几种方法编辑文件或文件夹的名称。

● 单击文件名，稍停片刻，再次单击文件名。

● 用鼠标右键单击文件或文件夹图标，在弹出的菜单中选择"编辑 > 重命名"命令。

（3）输入新名称，按 Enter 键。

1.3.2 移动文件和文件夹

移动文件名或文件夹名称的操作步骤如下。

（1）选择"窗口 > 文件"命令，弹出"文件"面板，在其中选择要移动的文件或文件夹。

（2）通过以下几种方法移动文件或文件夹。

● 复制该文件或文件夹，然后粘贴在新位置。

● 将该文件或文件夹直接拖曳到新位置。

（3）"文件"面板会自动刷新，这样就可以看到该文件或文件夹出现在新位置上。

1.3.3 删除文件或文件夹

删除文件或文件夹有以下几种方法。

● 选择"窗口 > 文件"命令，弹出"文件"面板，在其中选择要删除的文件或文件夹，按 Delete 键进行删除。

● 用鼠标右键单击要删除的文件或文件夹，从弹出的菜单中选择"编辑 > 删除"命令。

1.4 管理站点

在建立站点后，可以对站点进行打开、编辑、复制、删除、导入、导出等操作。

1.4.1 打开站点

当要修改某个网站的内容时，首先要打开站点。打开站点就是在各站点间进行切换。打开站点的具体操作步骤如下。

（1）启动 Dreamweaver CS6。

（2）选择"窗口 > 文件"命令，打开"文件"面板，在其中选择要打开的站点名，打开站点，如图 1-29、图 1-30 所示。

图 1-29   图 1-30

1.4.2 编辑站点

有时用户需要修改站点的一些设置，则需要编辑站点。例如，修改站点的默认图像文件夹的路径，具体的操作步骤如下。

（1）选择"站点 > 管理站点"命令，弹出"管理站点"对话框。

（2）在对话框中，选择要编辑的站点名，单击"编辑当前选定的站点"按钮 ，弹出"站点设置对象 高职 基础素材"对话框，选择"高级设置"选项卡，此时可根据需要进行修改，如图 1-31 所示。单击"保存"按钮完成设置，回到"管理站点"对话框。

图 1-31

（3）如果不需要修改其他站点，可单击"完成"按钮关闭"管理站点"对话框。

1.4.3 复制站点

复制站点可省去重复建立多个结构相同站点的操作步骤，提高用户的工作效率。在"管理站点"对话框中可以复制站点，其具体操作步骤如下。

（1）在"管理站点"对话框的"您的站点"中选择要复制的站点，单击"复制当前选定的站点"按钮 进行复制。

（2）用鼠标左键双击新复制出的站点，在弹出的"站点定义为"对话框中更改新站点的名称。

1.4.4 删除站点

删除站点只是删除 Dreamweaver CS6 同本地站点间的关系，而本地站点包含的文件和文件夹仍然保存在磁盘原来的位置上。换句话说，删除站点后，虽然站点文件夹保存在计算机中，但在 Dreamweaver CS6 中已经不存在此站点。例如，在按如下步骤删除站点后，在"管理站点"对话框中，不存在该站点的名称。

（1）在"管理站点"对话框的"您的站点"列表中选择要删除的站点。

（2）单击"删除当前选定的站点"按钮 即可删除选择的站点。

1.4.5 导入和导出站点

如果要在计算机之间移动站点，或者与其他用户共同设计站点，可通过 Dreamweaver CS6 的导入和导出站点功能实现。导出站点功能是将站点导出为".ste"格式文件，然后将其导入其他计算机上的 Dreamweaver CS6 中。

1. 导出站点

（1）选择"站点 > 管理站点"命令，弹出"管理站点"对话框。在对话框中，选择要导出的站点，单击"导出当前选定的站点"按钮 ，弹出"导出站点"对话框。

（2）在"导出站点"对话框中浏览并选择保存该站点的路径，如图 1-32 所示。单击"保存"按钮，保存为扩展名为".ste"的文件。

图 1-32

（3）单击"完成"按钮，关闭"管理站点"对话框，完成导出站点的设置。

2. 导入站点

导入站点的具体操作步骤如下。

（1）选择"站点 > 管理站点"命令，弹出"管理站点"对话框。

（2）在"管理站点"对话框中，单击"导入站点"按钮，弹出"导入站点"对话框，浏览并选定要导入的站点，如图 1-33 所示；单击"打开"按钮，站点被导入，如图 1-34 所示。

图 1-33　　　　　　　　　　　　　　　　　　　　图 1-34

（3）单击"完成"按钮，关闭"管理站点"对话框，完成导入站点的设置。

1.5　网页文件头设置

文件头标签在网页中是看不到的，它位于网页中的<head>…</head>标签中，所有位于该标签中的内容在网页中都是不可见的。文件头标签主要包括 meta、关键字、说明、刷新、基础和链接等。

1.5.1　插入搜索关键字

在万维网上通过搜索引擎查找资料时，搜索引擎会自动读取网页中<meta>标签的内容，所以网页中的搜索关键字非常重要，它可以间接地宣传网站，提高访问量。但搜索关键字并不是字数越多越好，因为有些搜索引擎限制了索引的关键字或字符的数目，当超过了限制的数目时，它将忽略所有的关键字，所以最好只使用几个精选的关键字。一般情况下，关键字是对网页的主题、内容、风格或作者等内容的概括。

设置网页搜索关键字的具体操作步骤如下。

（1）选中文档窗口中的"代码"视图，将光标定位到<head>标签中，选择"插入 > HTML > 文件头标签 > 关键字"命令，弹出"关键字"对话框，如图 1-35 所示。

（2）在"关键字"对话框中输入相应的中文或英文关键字，但注意关键字间要用半角的逗号分隔。例如，设定关键字为"生活"，则"关键字"对话框的设置如图 1-36 所示。单击"确定"按钮，完成设置。

（3）此时，观察"代码"视图，可以发现<head>标签内多了代码"<meta name="keywords" content="生活" />"。

还可以通过<meta>标签实现设置搜索关键字，具体操作步骤如下。

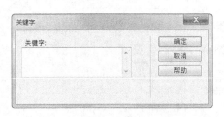

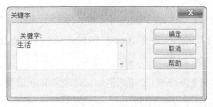

图 1-35   图 1-36

选择"插入 > HTML > 文件头标签 > Meta"
命令，弹出"META"对话框。在"属性"选项的下
拉列表中选择"名称"，在"值"选项的文本框中输入
"keywords"，在"内容"选项的文本框中输入关键字
信息，如图 1-37 所示。设置完成后，单击"确定"按
钮，可在"代码"视图中查看相应的 HTML 标签。

图 1-37

1.5.2 插入作者和版权信息

要设置网页的作者和版权信息，可选择"插入 >
HTML > 文件头标签 > Meta"命令，弹出"META"
对话框。在"值"选项的文本框中输入"/x Copyright"，
在"内容"选项的文本框中输入作者名称和版权信息，
如图 1-38 所示。完成后单击"确定"按钮。

此时，在"代码"视图中的<head>标签内可以查
看相应的 HTML 标签 "<meta name="/x Copyright" content="作者：张 三 版权所有：人邮出版
社" />"。

图 1-38

1.5.3 设置刷新时间

要指定载入页面刷新或者转到其他页面的时间，可设置文件头部的刷新时间项，具体操作步骤
如下。

（1）选中文档窗口中的"代码"视图，将光标定位
在<head>标签中，选择"插入 > HTML > 文件头标签 >
刷新"命令，弹出"刷新"对话框，如图 1-39 所示。

"刷新"对话框中各选项的作用如下。

● "延迟"选项。设置浏览器刷新页面之前需要等
待的时间，以秒为单位。若要浏览器完成载入后立即刷新页面，则在文本框中输入"0"。

图 1-39

● "操作"选项组。指定在规定的延迟时间后，浏览器是转到另一个 URL 还是刷新当前页面。
若要打开另一个 URL 而不刷新当前页面，应单击"浏览"按钮，选择要载入的页面；如果想显示在
线人员列表或浮动框架中的动态文档，那么可以指定浏览器定时刷新当前打开的网页。因为它可以实
时地反映在线或离线用户，以及动态文档实时改变的信息。

（2）在"刷新"对话框中设置刷新时间。

例如，要将网页设定为每隔 1 分钟自动刷新，可在"刷新"对话框中进行设置，如图 1-40 所示。

此时，在"代码"视图中的<head>标签内可以查看相应的 HTML 标签"<meta http-equiv="refresh" content="60" />"。

图1-40

还可以通过<meta>标签实现对刷新时间的设置，具体设置如图 1-41 所示。

如果想设置为浏览引导主页 10 秒后自动打开主页，可在引导主页的"刷新"对话框中进行图 1-42 所示的设置。

图1-41

图1-42

1.5.4 设置描述信息

搜索引擎也可通过读取<meta> 标签的说明内容来查找信息，但说明信息主要是设计者对网页内容的详细说明，而关键字可以让搜索引擎尽快搜索到网页。设置网页说明信息的具体操作步骤如下。

（1）选中文档窗口中的"代码"视图，将光标放在<head>标签中，选择"插入 > HTML > 文件头标签 > 说明"命令，弹出"说明"对话框。

（2）在"说明"对话框中设置说明信息。

例如，在网页中设置为网站设计者提供"利用 ASP 脚本，按用户需求进行查询"的说明信息，对话框中的设置如图 1-43 所示。

此时，在"代码"视图中的<head>标签内可以查看相应的 HTML 标签 "<meta name="description" content="利用 ASP 脚本，按用户需求进行查询" />"。

还可以通过<meta>标签实现，具体设置如图 1-44 所示。

图1-43

图1-44

1.5.5 设置页面中所有链接的基准链接

基准链接类似于相对路径，若要设置网页文档中所有链接都以某个链接为基准，可添加一个基本链接，但其他网页的链接与此页的基准链接无关。设置基准链接的具体操作步骤如下。

（1）选中文档窗口中的"代码"视图，将光标放在<head>标签中，选择"插入 > HTML > 文件头标签 > 基础"命令，弹出"基础"对话框。

（2）在"基础"对话框中设置"HREF"和"目标"两个选项，这两个选项的作用如下。

● "HREF"选项。设置页面中所有链接的基准链接。

● "目标"选项。指定所有链接的文档应在哪个框架或窗口中打开。

例如，当前页面中的所有链接都是以"http://www.ptpress.com.cn"，而不是本服务器的 URL 地址为基准链接，则"基础"对话框中的设置如图 1-45 所示。

此时，在"代码"视图中的<head>标签内可以查看相应的 html 标签。

```
<base href=" http://www.ptpress.com.cn" target="
空白(_B)" />
```

图1-45

一般情况下，在网页的头部插入基准链接不带有普遍性，只针对个别网页而言。当个别网页需要临时改变服务器域名和 IP 地址时，才在其文件头部插入基准链接。当需要大量、长久地改变链接时，网站设计者最好在站点管理器中完成。

1.5.6 设置当前文件与其他文件的关联性

<head> 部分的<link>标签可以定义当前文档与其他文件之间的关系，它与 <body> 部分中的文档之间的 HTML 链接是不一样的，其具体操作步骤如下。

（1）选中文档窗口中的"代码"视图，将光标放在<head>标签中；选择"插入 > HTML > 文件头标签 > 链接"命令，弹出"链接"对话框，如图 1-46 所示。

（2）在"链接"对话框中设置相应的选项。对话框中各选项的作用如下。

图1-46

● "HREF"选项。用于定义与当前文件相关联的文件的 URL。它并不表示通常 HTML 意义上的链接文件，链接元素中指定的关系更复杂。

● "ID"选项。为链接指定一个唯一的标识符。

● "标题"选项。用于描述关系。该属性与链接的样式表有特别的关系。

● "Rel"选项。指定当前文档与"HREF"选项中的文档之间的关系。其值包括替代、样式表、开始、下一步、上一步、内容、索引、术语、版权、章、节、小节、附录、帮助和书签。若要指定多个关系，则用空格将各个值隔开。

● "Rev"选项。指定当前文档与"HREF"选项中的文档之间的相反关系，与"Rel"选项相对。其值与"Rel"选项的值相同。

02

第 2 章
文本与文档

本章介绍

不管网页内容如何丰富，文本自始至终都是网页中最基本的元素。文本产生的信息量大，输入、编辑方便，并且生成的文件小，容易被浏览器下载，且不会占用太多的等待时间。掌握好文本的使用，是制作网页最基本的要求。

学习目标

☑ 掌握文字的输入、连续空格的输入方法
☑ 掌握页边距、网页的标题、网页的默认格式的设置方法
☑ 掌握文字的大小、颜色、字体、对齐方式和段落样式等的设置方法
☑ 掌握项目符号或编号、文本缩进、插入日期、特殊字符和换行符的使用方法
☑ 掌握水平线、显示/隐藏网格和标尺的应用方法

技能目标

☑ 掌握"青山别墅网页"的制作方法
☑ 掌握"机电设备网页"的制作方法
☑ 掌握"电器城网店"的制作方法
☑ 掌握"休闲度假村网页"的制作方法

2.1 文本与文档

文本是网页中最基本的元素。它不仅能准确表达网页制作者的思想，还有信息量大、输入修改方便、生成的文件小、易于浏览下载等优点。因此，对于网站设计者而言，掌握文本的使用方法非常重要。但是与图像及其他元素相比，文本很难激发浏览者的阅读兴趣，所以用户制作网页时，除了要在文本的内容上多下功夫外，排版也非常重要。在文档中灵活运用丰富的字体、多种段落格式以及赏心悦目的文本效果，对于一个专业的网站设计者而言，是一项必不可少的技能。

2.1.1 课堂案例——青山别墅网页

🖋 案例学习目标

使用"修改"命令设置页面外观、网页标题等效果；使用"编辑"命令设置允许多个连续空格、显示不可见元素效果。

🔒 案例知识要点

使用"页面属性"命令设置页面外观、网页标题效果；使用"首选参数"命令设置允许多个连续空格、显示不可见元素效果。

📍 效果所在位置

云盘中的"Ch02 > 效果 > 青山别墅网页 > index.html"，如图 2-1 所示。

图 2-1

扫码观看
本案例视频

扫码观看扩展案例

1. 设置页面属性

（1）选择"文件 > 打开"命令，在弹出的"打开"对话框中选择云盘中的"Ch02 > 素材 > 青山别墅网页 > index.html"文件，单击"打开"按钮打开文件，如图 2-2 所示。选择"修改 > 页面属性"命令，弹出"页面属性"对话框，如图 2-3 所示。

（2）在"页面属性"对话框左侧的"分类"列表中选择"外观（CSS）"选项，将右侧的"大小"选项设置为"16"，"文本颜色"选项设置为"白色（#FFF）"，"左边距""右边距""上边距""下边距"选项均设置为"0"，如图 2-4 所示。在"分类"列表中选择"标题/编码"选项，在右侧的"标题"选项文本框中输入"青山别墅网页"，如图 2-5 所示。单击"确定"按钮，完成页面属性的修改。

图 2-2

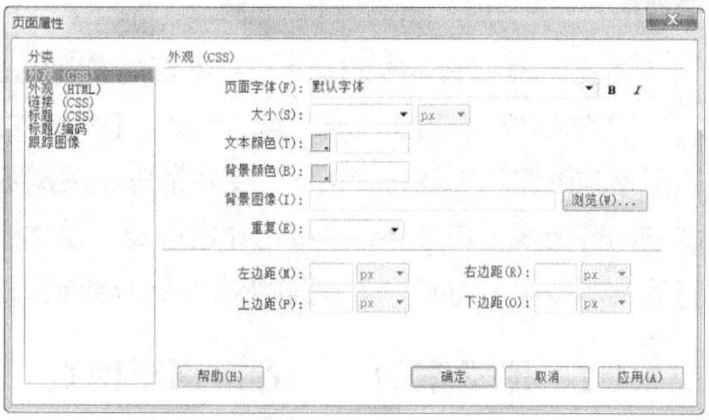

图 2-3

图 2-4

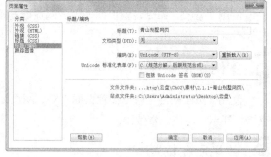

图 2-5

2. 输入空格和文字

（1）选择"编辑 > 首选参数"命令，在"首选参数"对话框左侧的"分类"列表中选择"常规"选项，在右侧的"编辑选项"组中勾选"允许多个连续的空格"复选框，如图 2-6 所示。单击"确定"按钮完成设置。

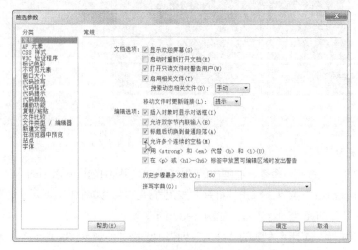

图 2-6

（2）将光标置入图 2-7 所示的单元格。在光标所在的位置输入文字"首页"，如图 2-8 所示。

（3）按 5 次 Space 键，输入空格，如图 2-9 所示。在光标所在的位置输入文字"关于我们"，如图 2-10 所示。

图 2-7

图 2-8

图 2-9

图 2-10

（4）用相同的方法输入其他空格和文字，如图 2-11 所示。保存文档，按 F12 键预览效果，如图 2-12 所示。

图 2-12

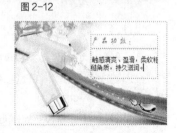

图 2-11

2.1.2　输入文本

应用 Dreamweaver CS6 编辑网页时，在文档窗口中光标为默认显示状态。要添加文本，首先应将光标移动到文档窗口中的编辑区域，然后直接输入文本，就像在其他文本编辑器中一样。打开一个文档，在文档中单击鼠标左键，将光标置于其中，然后在光标后面输入文本，如图 2-13 所示。

图 2-13

知识提示

除了直接输入文本外，也可将其他文档中的文本复制后，粘贴到当前的文档中。需要注意的是，粘贴文本到 Dreamweaver CS6 的文档窗口时，该文本不会保留原有的格式，但是会保留原来文本中的段落格式。

2.1.3 设置文本属性

选择"窗口 > 属性"命令，弹出"属性"面板，在 HTML 和 CSS 属性面板中都可以设置文本的属性，如图 2-14、图 2-15 所示。

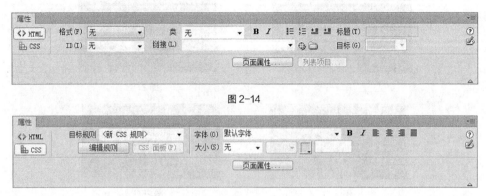

图 2-14

图 2-15

"属性"面板中各选项的含义如下。

- "目标规则"选项。设置已定义的或引用的 CSS 样式为文本的样式。
- "字体"选项。设置文本的字体组合。
- "大小"选项。设置文本的字号。
- "文本颜色"按钮 。设置文本的颜色。
- "粗体"按钮 **B**、"斜体"按钮 *I* 。设置文字格式。
- "左对齐"按钮 、"居中对齐"按钮 、"右对齐"按钮 、"两端对齐"按钮 。设置段落在网页中的对齐方式。
- "格式"选项。设置所选文本的段落样式。例如，使段落应用"标题 1"的段落样式。
- "项目列表"按钮 、"编号列表"按钮 。设置段落的项目符号或编号。
- "内缩区块"按钮 、"删除内缩区块"按钮 。设置段落文本向右凸出或向左缩进一定距离。

2.1.4 输入连续的空格

1. 设置"首选参数"对话框

（1）选择"编辑 > 首选参数"命令，或按 Ctrl+U 组合键，弹出"首选参数"对话框，如图 2-16 所示。

（2）在"首选参数"对话框左侧的"分类"列表中选择"常规"选项，在右侧的"编辑选项"选项组中勾选"允许多个连续的空格"复选框，单击"确定"按钮完成设置。此时，用户可连续按 Space 键在文档编辑区内输入多个空格。

2. 直接插入多个连续空格

在 Dreamweaver CS6 中插入多个连续空格，有以下几种方法。

- 在"插入"面板"文本"选项卡中，单击"字符"展开式按钮 ，选择"不换行空格"按钮 。

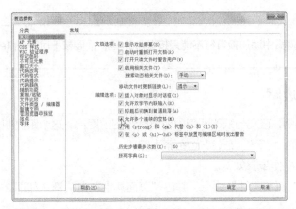

图 2-16

- 选择"插入 > HTML > 特殊字符 > 不换行空格"命令，或按 Ctrl+Shift+Space 组合键。
- 将输入法转换到中文的全角状态。

2.1.5　设置是否显示不可见元素

在网页的设计视图中，有一些元素仅用来标记该元素的位置，而在浏览器中是不可见的。例如，脚本图标用来标记文档正文中的 Javascript 或 Vbscript 代码的位置，换行符图标用来标记每个换行符
 的位置等。在设计网页时，为了快速找到这些不可见元素的位置，常常需要改变这些元素在设计视图中的可见性。

显示或隐藏某些不可见元素的具体操作步骤如下。

（1）选择"编辑 > 首选参数"命令，弹出"首选参数"对话框。

（2）在"首选参数"对话框左侧的"分类"列表中选择"不可见元素"选项，根据需要勾选或取消勾选右侧的多个复选框，以实现不可见元素的显示或隐藏，如图 2-17 所示。单击"确定"按钮完成设置。

最常用的不可见元素是换行符、脚本、命名锚记、AP 元素的锚记和表单隐藏区域，一般将它们设为可见。

但细心的网页设计者会发现，虽然在"首选参数"对话框中设置某些不可见元素为显示的状态，但在网页的设计视图中却仍看不见这些不可见元素。为了解决这个问题，还必须选择"查看 > 可视化助理 > 不可见元素"命令，选择"不可见元素"选项后，效果如图 2-18 所示。

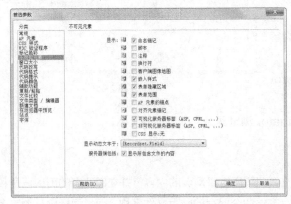

图 2-17

图 2-18

要在网页中添加换行符不能只按 Enter 键，而要按 Shift+Enter 组合键。

2.1.6　设置页边距

按照文章的书写规则，正文与纸的四周需要留有一定的距离，这个距离叫页边距。网页设计也如此，在默认状态下文档的上、下、左、右边距不为零。

修改页边距的具体操作步骤如下。

（1）选择"修改 > 页面属性"命令，弹出"页面属性"对话框，如图 2-19 所示。

图 2-19

 如果在"页面属性"对话框中的"分类"列表中选择"外观（HTML）"选项，"页面属性"对话框提供的界面将发生改变，如图 2-20 所示。

（2）根据需要在对话框的"左边距""右边距""上边距""下边距""边距宽度"和"边距高度"选项的数值框中输入相应的数值。这些选项的含义如下。

- "左边距""右边距"。指定网页内容浏览器左、右页边的大小。
- "上边距""下边距"。指定网页内容浏览器上、下页边的大小。
- "边距宽度"。指定网页内容 Navigator 浏览器左、右页边的大小。

图 2-20

- "边距高度"。指定网页内容 Navigator 浏览器上、下页边的大小。

2.1.7　设置网页的标题

HTML 页面的标题可以帮助站点浏览者理解所查看网页的内容，并在浏览者的历史记录和书签列表中标记页面。文档的文件名是通过保存文件命令保存的网页文件名称，而页面标题是浏览者在浏览网页时浏览器标题栏中显示的信息。

更改页面标题的具体操作步骤如下。

（1）选择"修改 > 页面属性"命令，弹出"页面属性"对话框。

（2）在对话框的"分类"列表中选择"标题/编码"选项，在对话框右侧"标题"选项的文本框中输入页面标题，如图 2-21 所示。单击"确定"按钮完成设置。

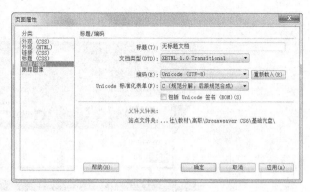

图 2-21

2.1.8 设置网页的默认格式

用户在制作新网页时，页面都有一些默认的属性，如网页的标题、网页边界、文字编码、文字颜色和超链接的颜色等。若需要修改网页的页面属性，可选择"修改 > 页面属性"命令，弹出"页面属性"对话框，如图 2-22 所示。对话框中各选项的作用如下。

图 2-22

● "外观"选项组。设置网页背景颜色、背景图像，网页文字的字体、字号、颜色和网页边距。

● "链接"选项组。设置链接文字的格式。

● "标题"选项组。为标题 1 至标题 6 指定标题标签的字体大小和颜色。

● "标题/编码"选项组。设置网页的标题和网页的文字编码。一般情况下，将网页的文字编码设定为简体中文 GB2312 编码。

● "跟踪图像"选项组。一般在复制网页时，若想使原网页的图像作为复制网页的参考图像，可使用跟踪图像的方式实现。跟踪图像仅作为复制网页的设计参考图像，在浏览器中并不显示出来。

2.1.9 课堂案例——机电设备网页

 案例学习目标

使用"属性"面板，改变网页中的元素，使网页变得更加美观。

 案例知识要点

使用"属性"面板，设置文字大小、颜色及字体。

效果所在位置

云盘中的"Ch02 > 效果 > 机电设备网页 > index.html"，如图 2-23 所示。

扫码观看
本案例视频

扫码观看扩展案例

图 2-23

1. 添加字体

（1）选择"文件 > 打开"命令，在弹出的"打开"对话框中，选择云盘中的"Ch02 > 素材 >
机电设备网页 > index.html"文件，单击"打开"按钮打开文件，如图 2-24 所示。

（2）在"属性"面板中单击"字体"下拉列表，在弹出的列表中选择"编辑字体列表"选项，如
图 2-25 所示。

图 2-24

图 2-25

（3）弹出"编辑字体列表"对话框，在"可用字体"列表中选择需要的字体，如图 2-26 所示。
单击按钮 «，将其添加到"字体列表"中，如图 2-27 所示。单击按钮 ✚，在"可用字体"列表中选
择需要的字体，如图 2-28 所示。再次单击按钮 «，将其添加到"字体列表"中，如图 2-29 所示。
单击"确定"按钮完成设置。

图 2-26

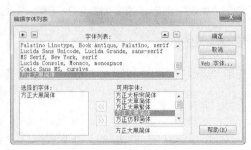

图 2-27

图 2-28

图 2-29

2. 更改文字外观

（1）选择"窗口 > CSS 样式"命令，弹出"CSS 样式"面板，单击面板下方的"新建 CSS 规则"按钮 ，在弹出的"新建 CSS 规则"对话框中进行设置，如图 2-30 所示。单击两次"确定"按钮，返回文档编辑窗口。选中图 2-31 所示的文字。

图 2-30

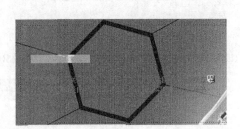

图 2-31

（2）在"属性"面板中的"目标规则"选项下拉列表中选择"text"选项，应用样式，将"大小"选项设为"34"，单击"文本颜色"按钮 ，在弹出的"颜色"选择面板中选择"白色（#FFF）"，其他选项的设置如图 2-32 所示。效果如图 2-33 所示。

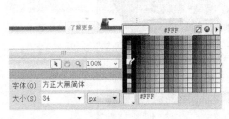

图 2-32

图 2-33

（3）单击"CSS 样式"面板下方的"新建 CSS 规则"按钮 ，在弹出的"新建 CSS 规则"对话框中进行设置，如图 2-34 所示。单击两次"确定"按钮，返回文档编辑窗口。选中图 2-35 所示的文字。

（4）在"属性"面板中的"目标规则"选项下拉列表中选择"text1"选项，应用样式，单击"颜色"按钮 ，在弹出的"文本颜色"选择面板中选择"浅灰色（#CCC）"，其他选项的设置如图 2-36 所示。效果如图 2-37 所示。

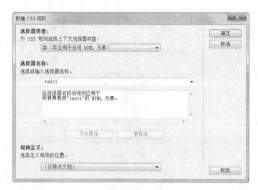

图 2-34

图 2-35

图 2-36

图 2-37

（5）保存文档，按 F12 键预览效果，如图 2-38 所示。

图 2-38

2.1.10 改变文本的大小

1. 设置文本的默认大小

（1）选择"修改 > 页面属性"命令，弹出"页面属性"对话框。

（2）在"页面属性"对话框左侧的"分类"列表中选择"外观（CSS）"选项，在右侧的"大小"选项下拉列表中根据需要选择文本的字体大小，如图 2-39 所示。单击"确定"按钮完成设置。

2. 设置选中文本的大小

在 Dreamweaver CS6 中，可以通过"属性"面板设置选中文本的大小，步骤如下。

（1）在文档窗口中选中文本。

（2）在"属性"面板中，单击"大小"选项的下拉列表选择相应的值，如图 2-40 所示。

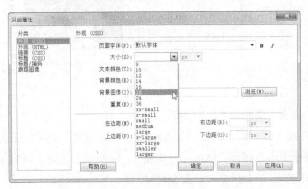

图 2-39

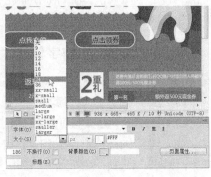

图 2-40

2.1.11　改变文本的颜色

丰富的视觉色彩可以吸引用户的注意，网页中的文本不仅可以是黑色，还可以呈现为其他色彩，最多时可达到 16 777 216 种颜色。颜色的种类与用户显示器的分辨率和颜色值有关，所以通常在 216 种网页色彩中选择文字的颜色。

Dreamweaver CS6 提供了两种改变文本颜色的方法。

1. 设置文本的默认颜色

（1）选择"修改 > 页面属性"命令，弹出"页面属性"对话框。

（2）在左侧的"分类"列表中选择"外观（CSS）"选项，在右侧的"文本颜色"选项中选择具体的文本颜色，如图 2-41 所示。单击"确定"按钮完成设置。

2. 设置选中文本的颜色

为了对不同的文字设置不相同的颜色，Dreamweaver CS6 提供了两种改变选中文本颜色的方法。

通过"文本颜色"按钮设置选中文本的颜色，步骤如下。

（1）在文档窗口中选中文本。

（2）单击"属性"面板中的"文本颜色"按钮，选择相应的颜色，如图 2-42 所示。

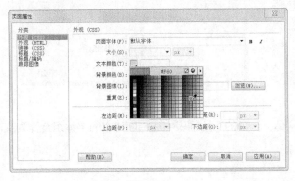

图 2-41

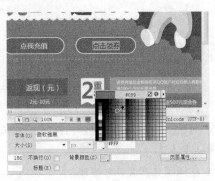

图 2-42

通过"颜色"命令设置选中文本的颜色，步骤如下。

（1）在文档窗口中选中文本。

（2）选择"格式 > 颜色"命令，弹出"颜色"对话框，如图 2-43 所示。选择相应的颜色，单击"确定"按钮完成设置。

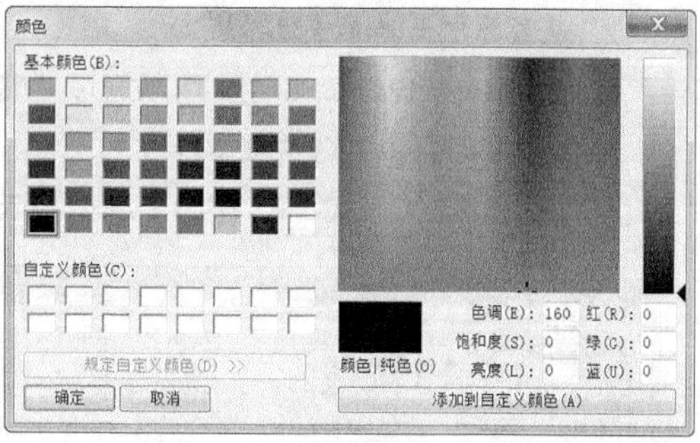

图 2-43

2.1.12 改变文本的字体

1. 设置文本的默认字体

（1）选择"修改 > 页面属性"命令，弹出"页面属性"对话框。

（2）在左侧的"分类"列表中选择"外观（CSS）"选项，在右侧打开"页面字体"选项的下拉列表，如果列表中有合适的字体组合，可直接单击选择该字体组合，如图 2-44 所示。否则，需选择"编辑字体列表"选项，在弹出的"编辑字体列表"对话框中自定义字体组合。

图 2-44

（3）单击按钮 ➕，在"可用字体"列表中选择需要的字体，然后单击按钮 ⟪，将其添加到"字体列表"中，如图 2-45 和图 2-46 所示。在"可用字体"列表中再选中另一种字体，再次单击按钮 ⟪，在"字体列表"中建立字体组合，单击"确定"按钮完成设置。

图 2-45

图 2-46

（4）重新在"页面属性"对话框"页面字体"选项的下拉列表中选择刚建立的字体组合作为文本的默认字体。

2. 设置选中文本的字体

为了将不同的文字设置为不相同的字体，Dreamweaver CS6 提供了两种改变选中文本字体的方法。

通过"字体"选项设置选中文本的字体，步骤如下。

（1）在文档窗口中选中文本。

（2）选择"属性"面板，在"字体"选项的下拉列表中选择相应的字体，如图 2-47 所示。

通过"字体"命令设置选中文本的字体，步骤如下。

（1）在文档窗口中选中文本。

（2）单击鼠标右键，在弹出的菜单中选择"字体"命令，如图 2-48 所示。

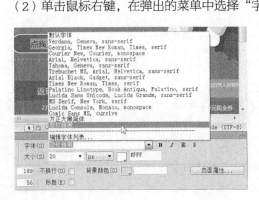
图 2-47

图 2-48

2.1.13　改变文本的对齐方式

对齐方式按钮有以下 4 种。

- "左对齐"按钮▤。使文本在浏览器窗口中左对齐。
- "居中对齐"按钮▤。使文本在浏览器窗口中居中对齐。
- "右对齐"按钮▤。使文本在浏览器窗口中右对齐。
- "两端对齐"按钮▤。使文本在浏览器窗口中两端对齐。

通过对齐按钮改变文本的对齐方式，步骤如下。

（1）将光标放在文本中，或者选中段落。

（2）在"属性"面板中单击相应的对齐按钮，如图 2-49 所示。

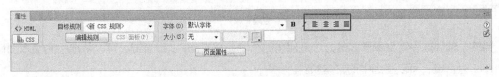
图 2-49

对段落文本的对齐操作，实际上是对 <p> 标签的 align 属性的设置。align 属性值有 3 种选择，其中 left 表示左对齐，center 表示居中对齐，right 表示右对齐。例如，下面的 3 条语句分别设置了段落的左对齐、居中对齐和右对齐方式，效果如图 2-50 所示。

```
<p align="left">左对齐</p>
<p align="center">居中对齐</p>
<p align="right">右对齐</p>
```

通过对齐命令改变文本的对齐方式的步骤如下。

（1）将光标放在文本中，或者选中段落。

（2）选择"格式 > 对齐"命令，弹出其子菜单，选择相应的对齐方式，如图2-51所示。

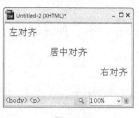

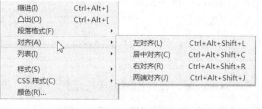

图2-50

图2-51

2.1.14 设置文本样式

文本样式是指字符的外观显示方式，如粗体、斜体和下划线等。

通过"样式"命令设置文本样式的步骤如下。

（1）在文档窗口中选中文本。

（2）选择"格式 > 样式"命令，在弹出的子菜单中选择相应的样式，如图2-52所示。

（3）选择需要的选项后，即可为选中的文本设置相应的字符格式，被选中的菜单命令左侧会带有选中标记 ✓ 。

图2-52

如果希望取消设置的字符格式，可以再次打开子菜单，取消对该菜单命令的选择。

通过"属性"面板设置文本样式的步骤如下。

单击"属性"面板中的"粗体"按钮 **B** 和"斜体"按钮 *I* 可快速设置文本的样式，如图2-53所示。如果要取消粗体或斜体样式，再次单击相应的按钮即可。

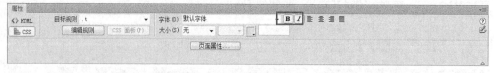

图2-53

另外一种快速设置文本样式的方法是使用组合键。按Ctrl+B组合键，可以将选中的文本加粗。按Ctrl+I组合键，可以将选中的文本倾斜。

再次按相应的组合键，则可取消文本样式。

2.1.15 段落文本

段落是指描述一个主题并且格式统一的一段文字。在文档窗口中，输入一段文字后按Enter键，这段文字就显示在<P>...</P>标签中。

1. 应用段落格式

通过"格式"选项应用段落格式，步骤如下。

（1）将光标放在段落中，或者选中段落中的文本。

（2）选择"属性"面板，在"格式"选项的下拉列表中选择相应的格式，如图 2-54 所示。

通过"段落格式"命令应用段落格式，步骤如下。

（1）将光标放在段落中，或者选中段落中的文本。

（2）选择"格式 > 段落格式"命令，弹出其子菜单，如图 2-55 所示。选择相应的段落格式。

图 2-54

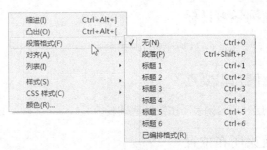

图 2-55

2. 指定预格式

预格式标签是<pre>和</pre>。预格式化是指用户预先对<pre>和</pre>之间的文字进行格式化，以便在浏览器中按真正的格式显示其中的文本。例如，用户在段落中插入多个空格，但浏览器却按一个空格处理。为这段文字指定预格式后，就会按用户的输入显示多个空格。指定预格式有下面几种方法。

通过"格式"选项指定预格式，步骤如下。

（1）将光标放在段落中，或者选中段落中的文本。

（2）选择"属性"面板，在"格式"选项的下拉列表中选择"预先格式化的"选项，如图 2-56 所示。

通过"段落格式"命令指定预格式，步骤如下。

（1）将光标放在段落中，或者选中段落中的文本。

（2）选择"格式 > 段落格式"命令，弹出其子菜单，如图 2-57 所示。选择"已编排格式"命令。

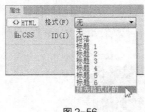

图 2-56

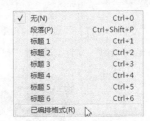

图 2-57

通过"已编排格式"按钮指定预格式，单击"插入"面板"文本"选项卡中的"已编排格式"按钮 PRE ，指定预格式。

知识提示　若想去除文字的格式，可按上述方法，将"格式"选项设为"无"。

2.2　项目符号和编号列表

项目符号和编号可以表示不同段落的文本之间的关系。因此，在文本上设置编号或项目符号并进行适当的缩进，可以直观地表示文本间的逻辑关系。

2.2.1　课堂案例——电器城网店

案例学习目标

使用文本命令改变列表的样式。

案例知识要点

使用“项目列表”按钮创建列表。

效果所在位置

云盘中的“Ch02 > 效果 > 电器城网店 > index.html”，如图 2-58 所示。

扫码观看
本案例视频

图 2-58

扫码观看扩展案例

（1）选择“文件 > 打开”命令，在弹出的“打开”对话框中，选择云盘中的“Ch02 >素材 > 电器城网页 > index.html”文件，单击“打开”按钮打开文件，效果如图 2-59 所示。

图 2-59

（2）选中图 2-60 所示的文字，单击"属性"面板中的"编号列表"按钮 ≔，列表前生成编号，效果如图 2-61 所示。

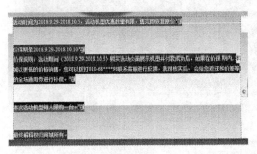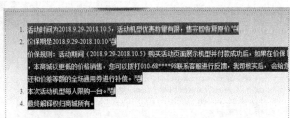

图 2-60　　　　　　　　　　　　　　　　图 2-61

（3）选择"窗口 > CSS 样式"命令，弹出"CSS 样式"面板。单击面板下方的"新建 CSS 规则"按钮 ，在弹出的"新建 CSS 规则"对话框中进行设置，如图 2-62 所示。单击"确定"按钮，弹出".text 的 CSS 规则定义"对话框，在左侧的"分类"列表中选择"类型"选项，在"Font-weight"选项的下拉列表中选择"bold"选项，将"Color"选项设为"红色（#F00）"，如图 2-63 所示。单击"确定"按钮，完成样式的创建。

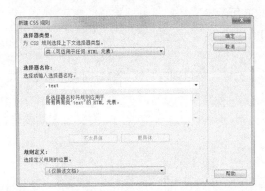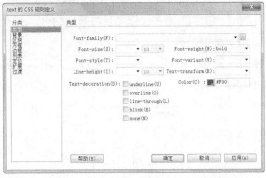

图 2-62　　　　　　　　　　　　　　　　图 2-63

（4）选中图 2-64 所示的文字，在"属性"面板"类"选项的下拉列表中选择"text"选项，应用样式，效果如图 2-65 所示。

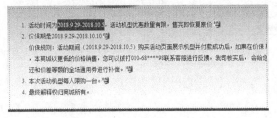

图 2-64　　　　　　　　　　　　　　　　图 2-65

（5）用相同的方法为其他文字应用样式，制作出图 2-66 所示的效果。保存文档，按 F12 键预览效果，如图 2-67 所示。

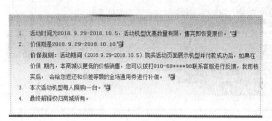

图 2-66 图 2-67

2.2.2　设置项目符号或编号

通过"项目列表"或"编号列表"按钮设置项目符号或编号，步骤如下。

（1）选中段落。

（2）在"属性"面板中，单击"项目列表"按钮 ≡ 或"编号列表"按钮 ≡，为文本添加项目符号或编号。设置项目符号和编号后的段落效果如图 2-68 所示。

通过"列表"命令设置项目符号或编号，步骤如下。

（1）选中段落。

（2）选择"格式 > 列表"命令，弹出其子菜单，选择"项目列表"或"编号列表"命令，如图 2-69 所示。

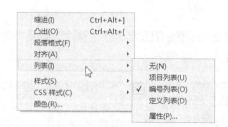

图 2-68 图 2-69

2.2.3　修改项目符号或编号

（1）将光标放在设置项目符号或编号的文本中。

（2）通过以下几种方法打开"列表属性"对话框。

● 单击"属性"面板中的"列表项目"按钮 列表项目... 。

● 选择"格式 > 列表 > 属性"命令。

在对话框中，先选择"列表类型"选项，确认是要修改项目符号还是编号，如图 2-70 所示。然后在"样式"选项中选择相应的列表或编号的样式，如图 2-71 所示。单击"确定"按钮完成设置。

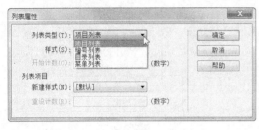

图 2-70   图 2-71

2.2.4　设置文本缩进格式

设置文本缩进格式有以下几种方法。

- 在"属性"面板中单击"内缩区块"按钮 ≞ 或"删除内缩区块"按钮 ≞，使段落向右移动或向左移动。
- 选择"格式 > 缩进"或"格式 > 凸出"命令，使段落向右移动或向左移动。
- 按 Ctrl+Alt+] 组合键或 Ctrl+Alt+ [组合键，使段落向右移动或向左移动。

2.2.5　插入日期

（1）在文档窗口中，将光标放置在想要插入对象的位置。

（2）通过以下几种方法弹出"插入日期"对话框，如图 2-72 所示。

- 单击"插入"面板"常用"选项卡中的"日期"按钮 🗓。
- 选择"插入 > 日期"命令。

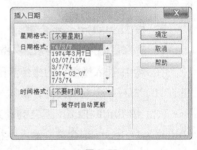

对话框中包含"星期格式""日期格式""时间格式""储存时自动更新"4 个选项。前 3 个选项用于设置星期、日期和时间的显示格式，最后一个选项表示是否按系统当前时间显示日期时间，若勾选此复选框，则显示当前的日期时间，否则仅按创建网页时的设置显示。

图 2-72

（3）选择相应的日期和时间的格式，单击"确定"按钮完成设置。

2.2.6　插入特殊字符

在网页中插入特殊字符，有以下几种方法。

- 单击"字符"展开式工具按钮 👤 。
- 单击"插入"面板"文本"选项卡中的"字符"展开式按钮 👤 右侧的黑色三角形，弹出 13 个特殊字符选项，如图 2-73 所示。在其中选择需要的特殊字符选项，即可插入特殊字符。

① "换行符"选项。用于在文档中强行换行。

② "不换行空格"选项。用于连续空格的输入。

③ "其他字符"选项。使用此选项，可在弹出的"插入其他字符"对话框中单击需要的字符，该字符的代码就会出现在"插入"选项的文本框中，也可以直接在该文本框中输入字符代码，单击"确

定"按钮,将字符插入到文档中,如图2-74所示。

● 选择"插入 > HTML > 特殊字符"命令,在弹出的子菜单中选择需要的特殊字符,如图2-75所示。

图 2-73　　　　　　　　　　图 2-74　　　　　　　　　　图 2-75

2.2.7　插入换行符

为段落添加换行符有以下几种方法。

● 单击"插入"面板"文本"选项卡中的"字符"展开式按钮 土 ·右侧的黑色三角形,在弹出的下拉列表中选择"换行符"选项,如图 2-76所示。

● 按 Shift+Enter 组合键。

● 选择"插入 > HTML > 特殊字符 > 换行符"命令。

在文档中插入换行符的操作步骤如下。

（1）打开一个网页文件,输入一段文字,如图2-77所示。

（2）按 Shift+Enter 组合键,光标换到另一个段落,如图 2-78 所示。按 Shift+Ctrl+Space 组合键,输入空格,输入文字,如图 2-79 所示。

（3）使用相同的方法,输入换行符和文字,效果如图 2-80 所示。

图 2-76

图 2-77　　　　　　　　　　　　　　图 2-78

图 2-79　　　　　　　　　　　　　　图 2-80

2.3 水平线、网格与标尺

　　水平线可以将文字、图像、表格等对象在视觉上分割开。一篇内容繁杂的文档，如果合理地放置几条水平线，就会变得层次分明、便于阅读。

　　虽然 Dreamweaver 提供了所见即所得的编辑器，但是通过视觉来判断网页元素的位置并不准确。要想精确地定位网页元素，就必须依靠 Dreamweaver 提供的定位工具。

2.3.1　课堂案例——休闲度假村网页

案例学习目标

　　使用"插入"命令插入水平线；使用代码改变水平线的颜色。

案例知识要点

　　使用"水平线"命令在文档中插入水平线；使用"属性"面板改变水平线的高度和宽度；使用代码命令改变水平线的颜色。

效果所在位置

　　云盘中的"Ch02 > 效果 > 休闲度假村网页 > index.html"，如图 2-81 所示。

扫码观看
本案例视频

扫码观看扩展案例

图 2-81

1. 插入水平线

　　（1）选择"文件 > 打开"命令，在弹出的"打开"对话框中，选择云盘中的"Ch02 > 休闲度假村网页 > index.html"文件，单击"打开"按钮打开文件，如图 2-82 所示。将光标置入图 2-83 所示的单元格中。

　　（2）选择"插入 > HTML > 水平线"命令，插入水平线，效果如图 2-84 所示。选中水平线，在"属性"面板中，将"高"选项设为"1"，取消勾选"阴影"复选框，如图 2-85 所示，水平线效果如图 2-86 所示。

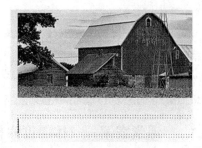

图 2-82   图 2-83

图 2-84

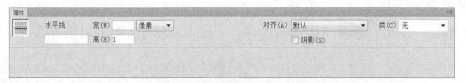

图 2-85

图 2-86

2. 改变水平线的颜色

（1）选中水平线，单击文档窗口左上方的"拆分"按钮，在"拆分"视图窗口中的"noshade"
代码后面置入光标，按一次空格键，标签列表中出现了该标签的属性，在其中选择属性"color"，如
图 2-87 所示。

图 2-87

（2）插入属性后，在弹出的颜色面板中选择需要的颜色，如图 2-88 所示，标签效果如图 2-89 所示。

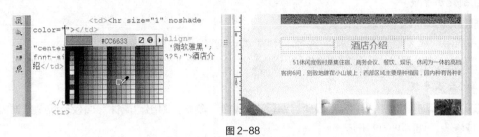

图 2-88

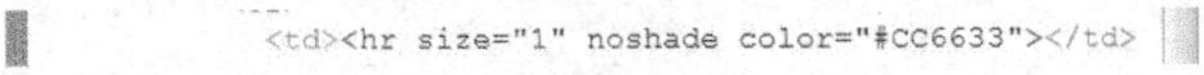

图 2-89

（3）用上述的方法制作出图 2-90 所示的效果。

图 2-90

（4）水平线的颜色不能在 Dreamweaver CS6 界面中确认。保存文档，按 F12 键，预览效果如图 2-91 所示。

图 2-91

2.3.2 水平线

1. 创建水平线

创建水平线有以下几种方法。

- 单击"插入"面板"常用"选项卡中的"水平线"按钮 。
- 选择"插入 > HTML > 水平线"命令。

2. 修改水平线

在文档窗口中，选中水平线，选择"窗口 > 属性"命令，弹出"属性"面板，可以根据需要对属性进行修改，如图 2-92 所示。

图 2-92

在"水平线"选项下方的文本框中输入水平线的名称。

在"宽"选项的文本框中输入水平线的宽度值，其设置单位值可以是像素值，也可以是相对页面水平宽度的百分比值。

在"高"选项的文本框中输入水平线的高度值，这里只能是像素值。

在"对齐"选项的下拉列表中，可以选择水平线在水平位置上的对齐方式，可以是"左对齐""右对齐"或"居中对齐"，也可以选择"默认"选项使用默认的对齐方式，一般为"居中对齐"。

如果勾选"阴影"复选框，水平线则被设置为阴影效果。

2.3.3 网格

使用网格可以更加方便地定位网页元素，在网页布局时网格也具有至关重要的作用。

1. 显示和隐藏网格

选择"查看 > 网格设置 > 显示网格"命令，此时处于显示网格的状态，网格在"设计"视图中可见，如图 2-93 所示。

2. 设置网页元素与网格对齐

选择"查看 > 网格设置 > 靠齐到网格"命令，此时，无论网格是否可见，都可以让网页元素自动与网格对齐。

3. 修改网格的疏密

选择"查看 > 网格设置 > 网格设置"命令，弹出"网格设置"对话框，如图 2-94 所示。在"间隔"选项的文本框中输入一个数字，并从下拉列表中选择间隔的单位，单击"确定"按钮关闭对话框，完成网格线间隔的修改。

4. 修改网格线的形状和颜色

选择"查看 > 网格设置 > 网格设置"命令，弹出"网格设置"对话框，如图 2-95 所示。在对话框中，先单击"颜色"按钮并从颜色拾取器中选择一种颜色，或者在文本框中输入对应颜色的十六进制数字，然后选中"显示"选项组中的"线"或"点"单选按钮，最后单击"确定"按钮，完成网格线颜色和线型的修改。

图 2-93   图 2-94   图 2-95

2.3.4 标尺

标尺显示在文档窗口的页面上方和左侧，用以标记网页元素的位置。标尺的单位分为像素、英寸和厘米。

1. 在文档窗口中显示标尺

选择"查看 > 标尺 > 显示"命令，或按 Ctrl+Alt+R 组合键，此时标尺处于显示的状态，如图 2-96 所示。

2. 改变标尺的计量单位

选择"查看 > 标尺"命令，在其子菜单中选择需要的计量单位，如图 2-97 所示。

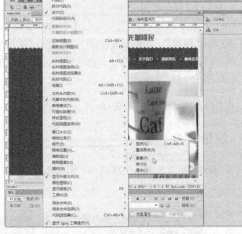

图 2-96   图 2-97

3. 改变坐标原点

用鼠标单击文档窗口左上方的标尺交叉点，鼠标的指针变为"+"形，按住鼠标左键向右下方拖曳，如图 2-98 所示。在要设置新的坐标原点的地方松开鼠标左键，坐标原点将随之改变，如图 2-99 所示。

4. 重置标尺的坐标原点

选择"查看 > 标尺 > 重设原点"命令，将坐标原点还原成（0，0）点，如图 2-100 所示。

若想将坐标原点恢复到初始位置，还可以双击文档窗口左上方的标尺交叉点来完成。

图 2-98

图 2-99

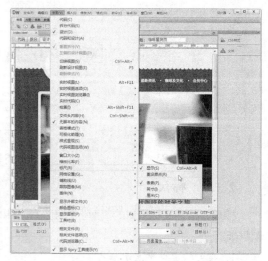

图 2-100

2.4 课堂练习——葡萄酒网页

练习知识要点

使用"属性"面板，改变文字的大小。

素材所在位置

云盘中的"Ch02 > 素材 > 葡萄酒网页 > images"。

效果所在位置

云盘中的"Ch02 > 效果 > 葡萄酒网页 > index.html"，如图 2-101 所示。

扫码观看
本案例视频

图 2-101

2.5 课后习题——休闲旅游网页

习题知识要点

使用"项目列表"按钮，设置项目列表效果；使用"CSS 样式"命令，改变文字的颜色。

素材所在位置

云盘中的"Ch02 > 素材 > 休闲旅游网页 > images"。

效果所在位置

云盘中的"Ch02 > 效果 > 休闲旅游网页 > index.html"，如图 2-102 所示。

扫码观看
本案例视频

图 2-102

03

第 3 章
图像和多媒体

本章介绍

图像在网页中的作用是非常重要的，图像、按钮、标记可以使网页更加美观、形象生动，从而使网页中的内容更加丰富多彩。

所谓"媒体"是指信息的载体，包括文字、图形、动画、音频和视频等。在 Dreamweaver CS6 中，用户可以方便快捷地向 Web 站点添加声音和影片媒体，并可以导入和编辑多个媒体文件和对象。

学习目标

- 掌握图像的格式
- 掌握图像的插入、图像属性、给图片添加说明文字插入图像占位符、跟踪图像的方法
- 掌握 Flash 动画、FLV、Shockwave 影片、Applet 程序、ActiveX 控件的插入方法

技能目标

- 掌握"纸杯蛋糕网页"的制作方法
- 掌握"绿色农场网页"的制作方法

3.1 图像的使用技巧

发布网站的目的就是要让更多的浏览者浏览自己设计的站点。网站设计者必须想办法去吸引浏览者的注意，所以网页除了包含文字外，还要包含各种赏心悦目的图像。因此，对于网站设计者而言，掌握图像的使用技巧是非常必要的。

3.1.1 课堂案例——纸杯蛋糕网页

案例学习目标

使用"常用"面板插入图像。

案例知识要点

使用"图像"按钮插入图像；使用"CSS 样式"命令控制图像的水平边距。

效果所在位置

云盘中的"Ch03 > 效果 > 纸杯蛋糕网页 > index.html"，如图 3-1 所示。

扫码观看
本案例视频

扫码观看扩展案例

图 3-1

（1）选择"文件 > 打开"命令，在弹出的"打开"对话框中，选择云盘中的"Ch03 > 素材 > 纸杯蛋糕网页 > index.html"文件，单击"打开"按钮打开文件，如图 3-2 所示。将光标置入图 3-3 所示的单元格。

（2）单击"插入"面板"常用"选项卡中的"图像"按钮 ▣ ，在弹出的"选择图像源文件"对话框中，选择云盘中的"Ch03 > 素材 > 纸杯蛋糕网页 > images"文件夹中的"img_1.png"文件，单击"确定"按钮完成图片的插入，如图 3-4 所示。用相同的方法将"img_2.png"和"img_3.png"文件插入该单元格，效果如图 3-5 所示。

（3）选择"窗口 > CSS 样式"命令，弹出"CSS 样式"面板。单击面板下方的"新建 CSS 规则"按钮 ↚ ，在弹出的"新建 CSS 规则"对话框中进行设置，如图 3-6 所示。单击"确定"按钮，弹出".pic 的 CSS 规则定义"对话框，在左侧的"分类"列表中选择"方框"选项，取消勾选"Margin"

选项组中的"全部相同"复选框，将"Right"和"Left"选项均设为"15"，如图 3-7 所示，单击"确定"按钮，完成样式的创建。

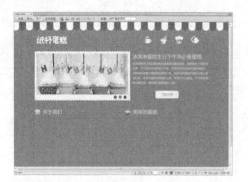

图 3-2 图 3-3

图 3-4 图 3-5

图 3-6 图 3-7

（4）选中图 3-8 所示的图片，在"属性"面板"类"选项的下拉列表中选择"pic"选项，应用样式，效果如图 3-9 所示。

图 3-8 图 3-9

（5）保存文档，按 F12 键预览效果，如图 3-10 所示。

图 3-10

3.1.2 网页中的图像格式

Web 页中通常使用的图像文件有 JPEG、GIF、PNG 3 种格式，但大多数浏览器只支持 JPEG、GIF 两种图像格式。因为要保证浏览者下载网页的速度，所以网站设计者也主要使用 JPEG 和 GIF 这两种压缩格式的图像。

1. GIF 文件

GIF 文件是在网络中最常见的图像格式，其具有如下特点。

● 最多可以显示 256 种颜色。因此，它最适合显示色调不连续或具有大面积单一颜色的图像，如导航条、按钮、图标、徽标或其他具有统一色彩和色调的图像。

● 使用无损压缩方案，图像在压缩后不会有细节的损失。

● 支持透明的背景，可以创建带有透明区域的图像。

● 是交织文件格式，在浏览器完成图像下载之前，浏览者即可看到该图像。

● 图像格式的通用性好，几乎所有的浏览器都支持此图像格式，并且有许多免费软件支持 GIF 图像文件的编辑。

2. JPEG 文件

JPEG 文件是用于为图像提供一种"有损耗"压缩的图像格式，其具有如下特点。

● 具有丰富的色彩，最多可以显示 1670 万种颜色。

● 使用有损压缩方案，图像在压缩后会有细节的损失。

● JPEG 格式的图像比 GIF 格式的图像小，下载速度更快。

● 图像边缘的细节损失严重，所以不适合对比鲜明的图像。

3. PNG 文件

PNG 文件是专门为网络而准备的图像格式，其具有如下特点。

● 使用新型的无损压缩方案，图像在压缩后不会有细节的损失。

● 具有丰富的色彩，最多可以显示 1670 万种颜色。

● 图像格式的通用性差。IE 4.0 或更高版本和 Netscape 4.04 或更高版本的浏览器都只能部分支持 PNG 图像的显示。因此，只有在为特定的目标用户进行设计时，才使用 PNG 格式的图像。

3.1.3　插入图像

要在 Dreamweaver CS6 文档中插入图像，该图像必须位于当前站点文件夹内或远程站点文件夹内，否则不能正确显示。所以在建立站点时，网站设计者常常需要先创建一个名叫"image"的文件夹，并将需要的图像复制到其中。

在网页中插入图像的具体操作步骤如下。

（1）在文档窗口中，将光标放置在要插入图像的位置。

（2）通过以下几种方法选择"图像"命令，打开"选择图像源文件"对话框，如图 3-11 所示。

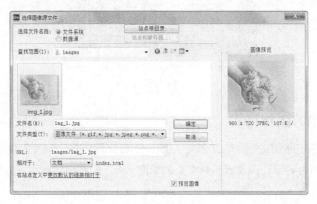

图 3-11

● 选择"插入"面板"常用"选项卡，单击"图像"展开式工具按钮 ▣ · 上的黑色三角形，在下拉列表中选择"图像"选项。

● 选择"插入 > 图像"命令，或按 Ctrl+Alt+I 组合键。

（3）在对话框中选择图像文件，单击"确定"按钮完成设置。

3.1.4　设置图像属性

插入图像后，在"属性"面板中显示该图像的属性，如图 3-12 所示。下面介绍各选项的含义。

● "宽"和"高"选项。以像素为单位指定图像的宽度和高度。这样做虽然可以缩放图像的显示大小，但不会缩短下载时间，因为浏览器在缩放图像前会下载所有的图像数据。

图 3-12

● "编辑"按钮 🖉。启动外部图像编辑器，编辑选中的图像。

● "编辑图像设置"按钮 🔗。打开"图像预览"对话框，在对话框中对图像进行设置。

● "裁剪"按钮 ⬚。修剪图像的大小。

● "重新取样"按钮 🔃。对已调整过大小的图像进行重新取样，以提高图片在新的大小和形状下的品质。

● "亮度和对比度"按钮 ◑。调整图像的亮度和对比度。

- "锐化"按钮 △。调整图像的清晰度。
- "地图"和"指针热点工具"选项。用于设置图像的热点链接。
- "垂直边距"和"水平边距"选项。指定沿图像边缘添加的边距。
- "目标"选项。指定链接页面应该在其中载入的框架或窗口,详细参数见第 4 章。
- "原始"选项。为了节省浏览者浏览网页的时间,可通过此选项指定在载入主图像之前可快速载入的低品质图像。

3.1.5　给图片添加文字说明

当图片不能在浏览器中正常显示时,网页中图片的位置就变成空白区域,如图 3-13 所示。

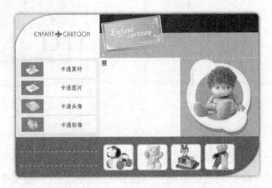

图 3-13

为了让浏览者在图片不能正常显示时也能了解图片的信息,可为网页的图像设置"替换"属性,将图片的说明文字输入"替换"文本框中,如图 3-14 所示。当图片不能正常显示时,网页中的效果如图 3-15 所示。

图 3-14

图 3-15

3.1.6　插入图像占位符

在网页中插入图像占位符的具体操作步骤如下。

（1）在文档窗口中，将光标放置在要插入占位符图形的位置。

（2）通过以下几种方法，打开"图像占位符"对话框，效果如图 3-16 所示。

● 单击"插入"面板中"常用"选项卡中的"图像"展开式按钮 ■·右侧的黑色三角形，选择"图像占位符"选项。

● 选择"插入 > 图像对象 > 图像占位符"命令。

（3）在"图像占位符"对话框中，按需要设置图像占位符的大小和颜色，并为图像占位符提供文本标签，单击"确定"按钮完成设置，效果如图 3-17 所示。

图 3-16

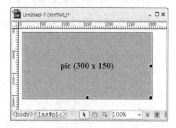

图 3-17

3.1.7 跟踪图像

在工程设计过程中，一般先在图像处理软件中勾画出工程蓝图，然后在此基础上反复修改，最终得到一幅完美的设计图。制作网页时也应采用工程设计的方法，先在图像处理软件中绘制网页的蓝图，将其添加到网页的背景中，按设计方案对号入座；等网页制作完毕后，再将蓝图删除。在 Dreamweaver CS6 中可利用"跟踪图像"功能来实现上述网页设计的方式。

设置网页蓝图的具体操作步骤如下。

（1）在图像处理软件中绘制网页的设计蓝图，如图 3-18 所示。

（2）选择"文件 > 新建"命令，新建文档。

（3）选择"修改 > 页面属性"命令，弹出"页面属性"对话框。在"分类"列表中选择"跟踪图像"选项，转换到"跟踪图像"面板，如图 3-19 所示。单击"浏览"按钮，在弹出的"选择图像源文件"对话框中找到步骤（1）中设计蓝图的保存路径，如图 3-20 所示。

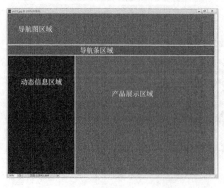

图 3-18

图 3-19

（4）在"页面属性"对话框中调节"透明度"选项的滑块，使图像呈半透明状态，如图 3-21 所示。单击"确定"按钮完成设置。

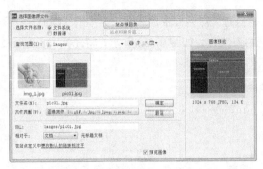

图 3-20

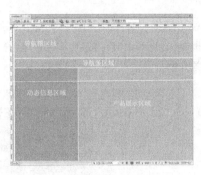

图 3-21

3.2 多媒体在网页中的应用

在网页中除了使用文本和图像元素表达信息外,用户还可以向其中插入 Flash 动画、Java Applet 小程序、ActiveX 控件等多媒体元素,以丰富网页的内容。虽然这些多媒体对象能够使网页更加丰富多彩,吸引更多的浏览者,但有时必须以牺牲浏览速度和兼容性为代价。所以,一般网站为了保证浏览者的浏览速度,不会大量运用多媒体元素。

3.2.1 课堂案例——绿色农场网页

案例学习目标

使用"插入"面板"常用"选项卡中的选项插入 Flash 动画,使网页变得生动有趣。

案例知识要点

使用"Flash SWF"按钮为网页文档插入 Flash 动画效果;使用"属性"面板设置动画为透明;使用"播放"按钮在文档窗口中预览效果。

效果所在位置

云盘中的"Ch03 > 效果 > 绿色农场网页 > index.html",如图 3-22 所示。

图 3-22

扫码观看
本案例视频

扫码观看扩展案例

（1）选择"文件 > 打开"命令，在弹出的"打开"对话框中，选择云盘中的"Ch03 > 绿色农场网页 > index.html"文件，单击"打开"按钮打开文件，如图 3-23 所示。将光标置入图 3-24 所示的单元格。

图 3-23   图 3-24

（2）单击"插入"面板"常用"选项卡中的"SWF"按钮 ，在弹出的"选择 SWF"对话框中，选择云盘中的"Ch03 > 绿色农场网页 > images > DH.swf"文件，如图 3-25 所示。单击"确定"按钮，弹出"对象标签辅助功能属性"对话框，如图 3-26 所示。这里不需要设置，直接单击"确定"按钮，完成动画的插入，效果如图 3-27 所示。

（3）保持动画的选中状态，在"属性"面板"Wmode"选项的下拉列表中选择"透明"选项，如图 3-28 所示。

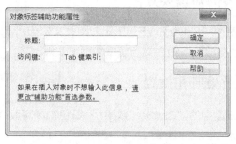

图 3-25   图 3-26

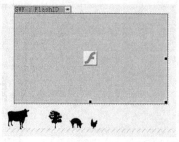

图 3-27   图 3-28

（4）单击"属性"面板中的"播放"按钮，在文档窗口中预览效果，如图 3-29 所示。可以单击"属性"面板中的"停止"按钮，停止播放动画。

（5）保存文档，按 F12 键预览效果，如图 3-30 所示。

图 3-29   图 3-30

3.2.2 插入 Flash 动画

Dreamweaver CS6 中提供了使用 Flash 对象的功能，但要注意 Flash 动画的格式。例如 Flash 源文件格式的文件（.fla）只能在后期更改动画使用，而不能在浏览器中显示；Flash SWF 文件格式的文件（.swf）是 Flash 影片的压缩格式，可以在浏览器中显示。所以在 Dreamweaver CS6 中只能插入 Flash SWF 格式的文件（.swf），便于在 Web 上查看。

在网页中插入 Flash 动画的具体操作步骤如下。

（1）在文档窗口的"设计"视图中，将光标放置在想要插入影片的位置。

（2）通过以下几种方法选择"Flash"命令。

- 单击"插入"面板"常用"选项卡中的"媒体"展开式按钮 ，选择"SWF"选项。

- 选择"插入 > 媒体 > SWF"命令。

（3）打开"选择 SWF"对话框，选择一个后缀为".swf"的文件，如图 3-31 所示。单击"确定"按钮完成设置。此时，Flash 占位符出现在文档窗口中，如图 3-32 所示。

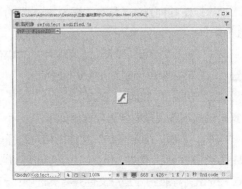

图 3-31   图 3-32

（4）选中文档窗口中的 Flash 对象，在"属性"面板中单击"播放"按钮，测试效果。

 当网页中包含两个及两个以上 Flash 动画时，要预览所有的 Flash 内容，可以按 Ctrl+Alt+Shift+P 组合键。

3.2.3　插入 FLV

在网页中可以轻松添加 FLV 视频，而无需使用 Flash 创作工具。但在操作之前必须有一个经过编码的 FLV 文件。使用 Dreamweaver 插入一个显示 FLV 文件的 SWF 组件，当在浏览器中查看时，此组件会显示所选的 FLV 文件以及一组播放控件。

Dreamweaver 提供了以下选项，用于将 FLV 视频传送给站点访问者。

● "累进式下载视频"选项。将 FLV 文件下载到站点访问者的硬盘上，然后进行播放。但与传统的"下载并播放"视频传送方法不同，累进式下载允许在下载完成之前就开始播放视频文件。

● "流视频"选项。对视频内容进行流式处理，并在一段可确保流畅播放的很短的缓冲时间后在网页上播放该内容。若要在网页上启用流视频，必须具有访问 Adobe® Flash® Media Server 的权限，必须有一个经过编码的 FLV 文件，然后才能在 Dreamweaver 中使用它。可以插入使用以下两种编解码器（压缩/解压缩技术）创建的视频文件：Sorenson Squeeze 和 On2。

与常规 SWF 文件一样，在插入 FLV 文件时，Dreamweaver 将插入检测用户是否拥有可查看视频的正确 Flash Player 版本的代码。如果用户没有正确的版本，则页面将显示替代内容，提示用户下载最新版本的 Flash Player。

 若要查看 FLV 文件，用户的计算机上必须安装 Flash Player 8 或更高的版本。如果用户没有安装所需的 Flash Player 版本，但安装了 Flash Player 6.0 r65 或更高版本，则浏览器将显示 Flash Player 快速安装程序，而非替代内容。如果用户拒绝快速安装，则页面会显示替代内容。

插入 FLV 对象的具体操作步骤如下。

（1）在文档窗口的"设计"视图中，将光标放置在想要插入 FLV 的位置。

（2）通过以下几种方法，打开"插入 FLV"对话框，如图 3-33 所示。

● 单击"插入"面板"常用"选项卡中的"媒体"展开式按钮 ，在下拉菜单中选择"FLV"选项。

● 选择"插入 > 媒体 > FLV"命令。

设置累进式下载视频的各选项作用如下。

● "URL"选项。指定 FLV 文件的相对路径或绝对路径。若要指定相对路径（例如，mypath/myvideo.flv），则单击"浏览"按钮，导航到 FLV 文件并将其选中；若要指定绝对路径，则输入 FLV 文件的 URL。

图 3-33

- "外观"选项。指定视频组件的外观。所选外观的预览会显示在"外观"弹出菜单的下方。
- "宽度"选项。以像素为单位指定 FLV 文件的宽度。若要让 Dreamweaver 确定 FLV 文件的准确宽度,则单击"检测大小"按钮。如果 Dreamweaver 无法确定宽度,则必须输入宽度值。
- "高度"选项。以像素为单位指定 FLV 文件的高度。若要让 Dreamweaver 确定 FLV 文件的准确高度,则单击"检测大小"按钮。如果 Dreamweaver 无法确定高度,则必须输入高度值。

> "包括外观"是 FLV 文件的宽度和高度与所选外观的宽度和高度的和。

- "限制高宽比"复选框。保持视频组件的宽度和高度之间的比例不变。默认情况下会选择此选项。
- "自动播放"复选框。指定在页面打开时是否播放视频。
- "自动重新播放"复选框。指定播放控件在视频播放完之后是否返回起始位置。
设置流视频选项的作用如下。
- "服务器 URI"选项。指定服务器名称、应用程序名称和实例名称。
- "流名称"选项。指定想要播放的 FLV 文件的名称(如 myvideo.flv)。扩展名 .flv 是可选的。
- "实时视频输入"复选框。指定视频内容是否是实时的。如果勾选了"实时视频输入",则 Flash Player 将播放从 Flash® Media Server 流入的实时视频流。实时视频输入的名称是在"流名称"文本框中指定的名称。

> 如果选择了"实时视频输入",组件的外观上只会显示音量控件,因为用户无法操纵实时视频。此外,"自动播放"和"自动重新播放"选项也不起作用。

- "缓冲时间"选项。指定在视频开始播放之前进行缓冲处理所需的时间(以秒为单位)。默认的"缓冲时间"为"0",这样在单击了"播放"按钮后视频会立即开始播放。(如果选择"自动播放",则在建立与服务器的连接后视频立即开始播放。)如果要发送的视频的比特率高于站点访问者的连接速度,或者 Internet 通信可能会导致带宽或连接问题,则可能需要设置缓冲时间。例如,如果要在网页播放视频之前将 15s 的视频发送到网页,则将"缓冲时间"设置为"15"。

图 3-34

(3)在对话框中根据需要进行设置。单击"应用"或"确定"按钮,将 FLV 插入到文档窗口中,此时,FLV 占位符出现在文档窗口中,如图 3-34 所示。

3.2.4 插入 Shockwave 影片

Shockwave 是 Web 上用于交互式多媒体的 Macromedia 标准,是一种经过压缩的格式。它使得在 Macromedia Director 中创建的多媒体文件能够被快速下载,而且使得视频可以在大多数常用浏览器中进行播放。

在网页中插入 Shockwave 影片的具体操作步骤如下。

（1）在文档窗口的"设计"视图中，将光标放置在想要插入 Shockwave 影片的位置。

（2）通过以下几种方法选择"Shockwave"命令。

● 单击"插入"面板"常用"选项卡中的"媒体"展开式按钮 📷▾，选择"Shockwave"选项。

● 选择"插入 > 媒体 > Shockwave"命令。

（3）打开"选择文件"对话框，选择一个影片文件，如图 3-35 所示。单击"确定"按钮完成设置。此时，Shockwave 影片的占位符出现在文档窗口中。选中文档窗口中的 Shockwave 影片占位符，在"属性"面板中修改"宽"和"高"选项的值，从而设置影片的宽度和高度。保存文档，按 F12 键预览效果，如图 3-36 所示。

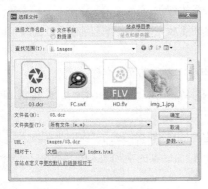

图 3-35

图 3-36

3.2.5　插入 Applet 程序

Applet 是用 Java 编程语言开发的、可嵌入 Web 页中的小型应用程序。Dreamweaver CS6 提供了将 Java Applet 插入 HTML 文档中的功能。

在网页中插入 Java Applet 程序的具体操作步骤如下。

（1）在文档窗口的"设计"视图中，将光标放置在想要插入 Applet 程序的位置。

（2）通过以下几种方法选择"Applet"命令。

● 单击"插入"面板"常用"选项卡中的"媒体"展开式工具按钮 📷▾，选择"APPLET"选项。

● 选择"插入 > 媒体 > Applet"命令。

（3）打开"选择文件"对话框，选择一个 Java Applet 程序文件，单击"确定"按钮完成设置。

3.2.6　插入 ActiveX 控件

ActiveX 控件也称 OLE 控件，它是可以充当浏览器插件的可重复使用的组件，像微型的应用程序。ActiveX 控件只在 Windows 系统上的 Internet Explorer 中运行。Dreamweaver CS6 中的 ActiveX 对象可为浏览者浏览器中的 ActiveX 控件提供属性和参数。

在网页中插入 ActiveX 控件的具体操作步骤如下。

（1）在文档窗口的"设计"视图中，将光标放置在想要插入 ActiveX 控件的位置。

（2）通过以下几种方法选择"ActiveX"命令，插入 ActiveX 控件。

● 单击"插入"面板"常用"选项卡中的"媒体"展开式工具按钮 📷·，选择"ActiveX"选项。

● 选择"插入 > 媒体 > ActiveX"命令。

（3）选中文档窗口中的 ActiveX 控件，在"属性"面板中，单击"播放"按钮测试效果。

3.3　课堂练习——咖啡网页

🔗 练习知识要点

使用"图像"按钮，插入图像；使用"代码"命令设置图像边距效果。

🎯 素材所在位置

云盘中的"Ch03 > 素材 > 咖啡网页 > images"。

🎯 效果所在位置

云盘中的"Ch03 > 效果 > 咖啡网页 > index.html"，如图 3-37 所示。

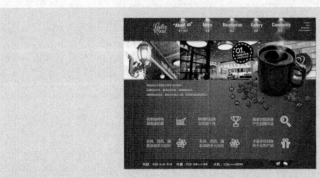

图 3-37

扫码观看
本案例视频

3.4　课后习题——木工网页

🔗 习题知识要点

使用"SWF"按钮为网页文档插入 Flash 动画效果；使用"播放"按钮在文档窗口中预览效果。

🎯 素材所在位置

云盘中的"Ch03 > 素材 > 木工网页 > images"。

效果所在位置

云盘中的"Ch03 > 效果 > 木工网页 > index.html"，如图 3-38 所示。

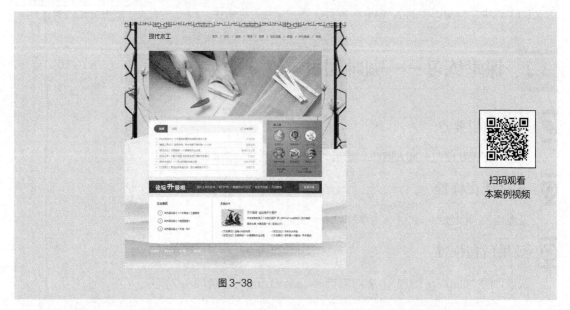

图 3-38

扫码观看
本案例视频

04

第 4 章
超链接

本章介绍

网络中的每个网页都是通过超链接的形式关联在一起的，超链接是网页中最重要、最根本的元素之一。浏览者可以单击网页中的某个元素，轻松地实现网页之间的转换或下载文件、收发邮件等操作。要实现超链接，还要了解链接路径的知识。本章将对超链接进行具体的讲解。

学习目标

✓ 掌握超链接的概念与路径知识
✓ 掌握文本超链接、电子邮件超链接、下载文件超链接的创建方法
✓ 掌握图像超链接、鼠标经过图像超链接的创建方法
✓ 掌握锚点超链接、热点超链接的创建方法

技能目标

✓ 掌握"创意设计网页"的制作方法
✓ 掌握"温泉度假网页"的制作方法
✓ 掌握"金融投资网页"的制作方法
✓ 掌握"世界景观网页"的制作方法

4.1　超链接的概念与路径知识

　　超链接的主要作用是将物理上无序的内容组成一个有机的统一体。超链接对象上存放着某个网页文件的地址，以便用户打开相应的网页文件。在浏览网页时，当用户将鼠标指针移到文字或图像上时，鼠标指针会改变形状或颜色，这就是在提示浏览者：此对象为链接对象。用户只需单击这些链接对象，就可完成打开链接的网页、下载文件、打开邮件工具及收发邮件等操作。

4.2　文本超链接

　　文本超链接是以文本为链接对象的一种常用的链接方式。作为链接对象的文本带有标志性，它显示了链接网页的主要内容或主题。

4.2.1　课堂案例——创意设计网页

案例学习目标

　　使用"插入"面板的"常用"选项卡制作电子邮件超链接效果；使用"属性"面板为文字制作下载文件超链接效果。

案例知识要点

　　使用"电子邮件链接"命令制作电子邮件超链接效果；使用"浏览文件"链接按钮为文字制作下载文件超链接效果。

效果所在位置

　　云盘中的"Ch04 > 效果 > 创意设计网页 > index.html"，如图 4-1 所示。

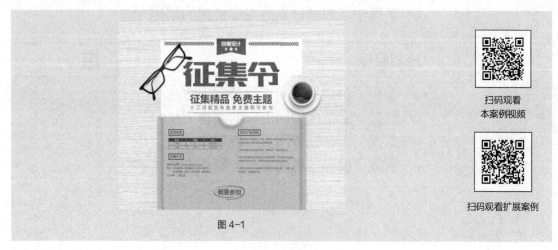

图 4-1

扫码观看
本案例视频

扫码观看扩展案例

1. 制作电子邮件超链接

（1）选择"文件 > 打开"命令，在弹出的"打开"对话框中，选择云盘中的"Ch04 > 素材 > 创意设计网页 > "index.html"文件，单击"打开"按钮打开文件，如图 4-2 所示。选中文字"xjg_peng@163.com"，如图 4-3 所示。

图 4-2

图 4-3

（2）单击"插入"面板"常用"选项卡中的"电子邮件链接"按钮 ⬚，在弹出的"电子邮件链接"对话框中进行设置，如图 4-4 所示。单击"确定"按钮，文字的下方出现下划线，如图 4-5 所示。

图 4-4

图 4-5

（3）选择"修改 > 页面属性"命令，弹出"页面属性"对话框，在左侧的"分类"列表中选择"链接（CSS）"选项，将"链接颜色"和"已访问链接"选项均设为"红色（#F00）"，"交换图像链接"和"活动链接"选项均设为"白色（#FFF）"，在"下划线样式"选项的下拉列表中选择"始终有下划线"，如图 4-6 所示。单击"确定"按钮，文字效果如图 4-7 所示。

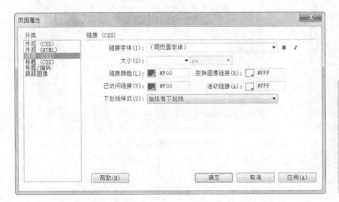

图 4-6

图 4-7

2. 制作下载文件超链接

（1）选中文字"下载主题"，如图 4-8 所示。在"属性"面板中单击"链接"选项右侧的"浏览文件"按钮 🗀，弹出"选择文件"对话框，选择本书学习资源中的"Ch04 > 素材 > 创意设计网页 > images"文件夹中的"Tpl.zip"文件，如图 4-9 所示。单击"确定"按钮，将"Tpl.zip"文件链接到文本框中。在"目标"选项的下拉列表中选择"_blank"选项，如图 4-10 所示。

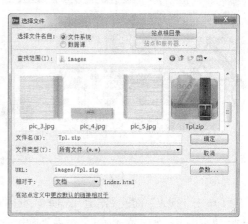

图 4-8　　　　　　　　　　　　　　　　　图 4-9

图 4-10

（2）保存文档，按 F12 键预览效果。单击"xjg_peng@163.com"，弹出链接的 E-mail 窗口，效果如图 4-11 所示。单击"下载主题"，将弹出窗口，在窗口中可以根据提示进行操作，如图 4-12 所示。

图 4-11　　　　　　　　　　　　　　　　　图 4-12

4.2.2　创建文本超链接

创建文本超链接的方法非常简单，主要是在链接文本的"属性"面板中指定链接文件。指定链接文件的方法有 3 种。

1. 直接输入要链接文件的路径和文件名

在文档窗口中选中作为链接对象的文本，选择 "窗口 > 属性"命令，弹出"属性"面板，如图 4-13 所示。在"链接"选项的文本框中直接输入要链接文件的路径和文件名。

 要链接到本地站点中的一个文件，直接输入文档相对路径或站点根目录相对路径；要链接到本地站点以外的文件，直接输入绝对路径。

图 4-13

2. 使用"浏览文件"按钮

在文档窗口中选中作为链接对象的文本，在"属性"面板中单击"链接"选项右侧的"浏览文件"按钮，弹出"选择文件"对话框。选择要链接的文件，在"相对于"选项的下拉列表中选择"文档"选项，如图 4-14 所示，单击"确定"按钮。

图 4-14

 "相对于"选项的下拉列表中有两个选项。选择"文档"选项，表示使用文档相对路径来链接；选择"站点根目录"选项，表示使用站点根目录相对路径来链接。在"URL"选项的文本框中，可以直接输入网页的绝对路径。

一般要链接本地站点中的一个文件时，最好不要使用绝对路径，因为如果移动文件，文件内所有的绝对路径都将被打断，会造成链接错误。

3. 使用"指向文件"图标

使用"指向文件"图标，可以快捷地指定站点窗口内的链接文件，或指定另一个打开文件中命名锚记的链接。

在文档窗口中选中作为链接对象的文本，在"属性"面板中拖曳"指向文件"图标 ⊕ 指向右侧站点窗口内的文件，如图 4-15 所示。松开鼠标左键，"链接"选项被更新并显示出所建立的链接。

图 4-15

当完成链接文件后，"属性"面板中的"目标"选项变为可用，其下拉列表中各选项的作用如下。

● "_blank"选项。将链接文件加载到未命名的新浏览器窗口中。

● "_parent"选项。将链接文件加载到包含该链接的父框架集或窗口中。如果包含链接的框架不是嵌套的，则将链接文件加载到整个浏览器窗口中。

● "_self"选项。将链接文件加载到链接所在的同一框架或窗口中。此目标是默认的，因此通常不需要指定它。

● "_top"选项。将链接文件加载到整个浏览器窗口中，并由此删除所有框架。

4.2.3　设置文本的链接状态

设置文本的链接状态的具体操作步骤如下。

（1）选择"修改 > 页面属性"命令，弹出"页面属性"对话框，如图 4-16 所示。

图 4-16

（2）在对话框中设置文本的链接状态。选择"分类"列表中的"链接（CSS）"选项，如图 4-17 所示。单击"链接颜色"选项右侧的图标 ▢，打开调色板，设置链接文字的颜色。

单击"已访问链接"选项右侧的图标 ▢，打开调色板，设置访问过的链接文字的颜色。

单击"活动链接"选项右侧的图标 ▢，打开调色板，设置活动的链接文字的颜色。

在"下划线样式"选项的下拉列表中设置链接文字是否加下划线，如图 4-18 所示。

图 4-17　　　　　　　　　　　　　图 4-18

4.2.4　创建下载文件超链接

浏览网站的目的一般是查找并下载资料。下载文件可利用下载文件超链接来实现。建立下载文件超链接的步骤类似于创建文字超链接，区别在于所链接的文件不是网页文件而是其他文件，如.exe、.zip 文件等。

建立下载文件超链接的具体操作步骤如下。

（1）在文档窗口中选择需添加下载文件超链接的网页对象。

（2）在"链接"选项的文本框中指定链接文件。

（3）按 F12 快捷键预览网页效果。

4.2.5　创建电子邮件超链接

网页只能作为单向传播的工具将网站的信息传给浏览者，但网站建立者还需要接收使用者的反馈信息。一种有效的方式是让浏览者给网站建立者发送 E-mail，在网页制作中使用电子邮件超链接就可以实现。

每当浏览者单击包含电子邮件超链接的网页对象时，就会打开邮件处理工具（如微软的 Outlook Express），并且自动将收信人地址设为网站建设者的邮箱地址，方便浏览者给网站发送反馈信息。

1. 利用"属性"面板建立电子邮件超链接

（1）在文档窗口中选择对象，一般是文字，如"请联系我们"。

（2）在"链接"选项的文本框中输入"mailto：+邮箱地址"。例如，网站管理者的 E-mail 地址是 xjg_peng@163.com，则在"链接"选项的文本框中输入"mailto：xjg_peng@163.com"，如图 4-19 所示。

图 4-19

2. 利用"电子邮件链接"对话框建立电子邮件超链接

（1）在文档窗口中选择需要添加电子邮件超链接的网页对象。

（2）通过以下几种方法打开"电子邮件链接"对话框。

- 选择"插入 > 电子邮件链接"命令。
- 单击"插入"面板"常用"选项卡中的"电子邮件链接"按钮 。

（3）在"文本"选项的文本框中输入要在网页中显示的链接文字，并在"电子邮件"选项的文本框中输入完整的邮箱地址，如图 4-20 所示。

（4）单击"确定"按钮，完成电子邮件超链接的建立。

图 4-20

4.3 图像超链接

所谓图像超链接就是以图像作为链接对象，当用户单击该图像时就会打开链接网页或文档。

4.3.1 课堂案例——温泉度假网页

案例学习目标

使用"插入"面板"常用"选项卡为网页添加导航效果；使用"属性"面板制作超链接效果。

案例知识要点

使用"鼠标经过图像"按钮为网页添加导航效果；使用"链接"选项制作超链接效果。

效果所在位置

云盘中的"Ch04 > 效果 > 温泉度假网页 > index.html"，如图 4-21 所示。

扫码观看
本案例视频

扫码观看扩展案例

图 4-21

1. 为网页添加导航

（1）选择"文件 > 打开"命令，在弹出的"打开"对话框中，选择云盘中的"Ch04 > 素材 > 温泉度假网页 > index.html"文件，单击"打开"按钮打开文件，如图 4-22 所示。将光标置入图 4-23 所示的单元格。

图 4-22   图 4-23

（2）单击"插入"面板"常用"选项卡中的"鼠标经过图像"按钮 ，弹出"插入鼠标经过图像"对话框，单击"原始图像"选项右侧的"浏览"按钮，弹出"原始图像"对话框，在云盘中的"Ch04 > 素材 > 温泉度假网页 > images"文件夹中选择图片"an_1a.png"，单击"确定"按钮，如图 4-24 所示。

（3）单击"鼠标经过图像"选项右侧的"浏览"按钮，弹出"鼠标经过图像"对话框，在云盘中的"Ch04 > 素材 > 温泉度假网页 > images"文件夹中选择图片"an_1b.jpg"，单击"确定"按钮，如图 4-25 所示。单击"确定"按钮，文档效果如图 4-26 所示。

图 4-24   图 4-25

图 4-26

（4）用相同的方法为其他单元格插入鼠标经过图像，效果如图 4-27 所示。

图 4-27

2. 为图片添加超链接

（1）选中"联系我们"图片，如图 4-28 所示。在"属性"面板"链接"选项右侧的文本框中输入网站地址"mailto:xjg_peng@163.com"，在"目标"选项的下拉列表中选择"_blank"，如图 4-29 所示。

 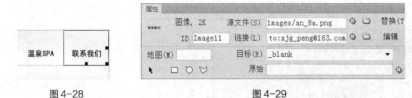

图 4-28   图 4-29

（2）保存文档，按 F12 键预览效果，如图 4-30 所示。把鼠标指针移动到菜单上时，图像会发生变化，效果如图 4-31 所示。

图 4-30   图 4-31

（3）单击"联系我们"文字，效果如图 4-32 所示。

图 4-32

4.3.2　建立图像超链接

建立图像超链接的操作步骤如下。

（1）在文档窗口中选中图像。

（2）在"属性"面板中，单击"链接"选项右侧的"浏览文件"按钮 📄，为图像添加文档相对路径的链接。

（3）在"替换"文本框中可输入替代文字。设置替代文字后，当图片不能下载时，会在图片的位置上显示替代文字；当浏览者将鼠标指针指向图像时也会显示替代文字。

（4）按 F12 快捷键预览网页的效果。

 图像超链接不像文本超链接那样会发生许多提示性的变化，只有当鼠标指针经过图像时指针才呈现手形。

4.3.3 鼠标经过图像超链接

一般，"鼠标经过图像"效果由两张大小相等的图像组成，一张称为主图像，另一张称为次图像。主图像是首次载入网页时显示的图像，次图像是当鼠标指针经过时更换的另一张图像。"鼠标经过图像"经常应用于网页中的按钮。

设置"鼠标经过图像"的具体操作步骤如下。

（1）在文档窗口中将光标放置在需要添加图像的位置。

（2）通过以下几种方法打开"插入鼠标经过图像"对话框，如图 4-33 所示。

图 4-33

● 选择"插入 > 图像对象 > 鼠标经过图像"命令。

● 单击"插入"面板"常用"选项卡中的"图像"展开式按钮 🖼️· 上的黑色三角形，选择"鼠标经过图像"选项。

"插入鼠标经过图像"对话框中各选项的作用如下。

● "图像名称"选项。设置鼠标指针经过图像对象时的名称。

● "原始图像"选项。设置载入网页时显示的图像文件的路径。

● "鼠标经过图像"选项。设置在鼠标指针滑过原始图像时显示的图像文件的路径。

● "预载鼠标经过图像"选项。若希望图像预先载入浏览器的缓存中，以便用户将鼠标指针滑过图像时不发生延迟，则勾选此复选框。

● "替换文本"选项。设置替换文本的内容。设置后，在浏览器中当图片不能下载时，会在图片位置上显示替代文字；当浏览者将鼠标指针指向图像时也会显示替代文字。

● "按下时，前往的 URL" 选项。设置跳转网页的路径，当浏览者单击图像时打开此网页。

（3）在对话框中按照需要设置选项，然后单击"确定"按钮完成设置。按 F12 键预览网页的效果。

4.4　命名锚记超链接

命名锚记也叫锚点，顾名思义，就是在网页中做的标记。建立锚点超链接要分两步实现：首先要在网页的不同主题内容处定义不同的锚点；然后在网页的开始处建立主题导航，并为不同主题导航建立定位到相应主题处的锚点超链接。

4.4.1　课堂案例——金融投资网页

案例学习目标

使用命名锚记超链接制作从文档底部移动到顶部的效果。

案例知识要点

使用"命名锚记"按钮插入锚点，制作从文档底部移动到顶部的效果。

效果所在位置

云盘中的"Ch04 > 效果 > 金融投资网页 > index.html"，如图 4-34 所示。

扫码观看
本案例视频

扫码观看扩展案例

图 4-34

1. 制作底部跳转到顶部的效果

（1）选择"文件 > 打开"命令，在弹出的"打开"对话框中，选择云盘中的"Ch04 >金融投资

网页 > index.html"文件，单击"打开"按钮打开文件，如图 4-35 所示。将光标置入图 4-36 所示的单元格。

图 4-35　　　　　　　　　　　　　　　　　　图 4-36

（2）单击"插入"面板"常用"选项卡中的"图像"按钮 ，在弹出的"选择图像源文件"对话框中，选择云盘中的"Ch04 > 金融投资网页 > images > an.png"文件，如图 4-37 所示。单击"确定"按钮完成图片的插入，效果如图 4-38 所示。

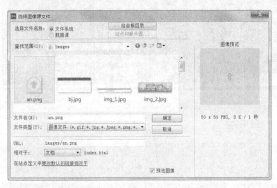

图 4-37　　　　　　　　　　　　　　　　　　图 4-38

（3）在要插入锚点超链接的位置置入光标，如图 4-39 所示。在"插入"面板"常用"选项卡中单击"命名锚记"按钮 ，在弹出的"命名锚记"对话框中进行设置，如图 4-40 所示。单击"确定"按钮，在光标所在的位置插入一个锚点，如图 4-41 所示。

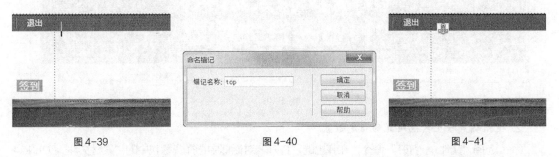

图 4-39　　　　　　　　　　　　图 4-40　　　　　　　　　　　　图 4-41

（4）选中图 4-42 所示的图片，在"属性"面板"链接"选项的文本框中输入"#top"，如图 4-43 所示。

图 4-42

图 4-43

（5）保存文档，按 F12 键预览效果，单击底部图像，如图 4-44 所示。网页文档从底部瞬间移动
到插入锚点的顶部，如图 4-45 所示。

图 4-44

图 4-45

2. 使用锚点移至其他网页的指定位置

（1）选择"文件 > 打开"命令，在弹出的"打开"对话框中选择资源包中的"素材文件 > Ch04 >
金融投资网页 > page.html"文件，单击"打开"按钮打开文件，如图 4-46 所示。在要插入锚点的
位置置入光标，如图 4-47 所示。

图 4-46   图 4-47

（2）在"插入"面板"常用"选项卡中，单击"命名锚记"按钮 ，在弹出的"命名锚记"对话框中进行设置，如图 4-48 所示。单击"确定"按钮，在光标所在的位置插入一个锚点，如图 4-49 所示。

图 4-48   图 4-49

（3）选择"文件 > 保存"命令，将文档保存。切换到"index.html"文档窗口中，如图 4-50 所示。选中图 4-51 所示的图片。

图 4-50   图 4-51

（4）在"属性"面板"链接"选项的文本框中输入"page.html#top2"，如图 4-52 所示。

图 4-52

（5）保存文档，按 F12 键预览效果，单击网页底部的图像，如图 4-53 所示。页面将自动跳转到"page.html"并移动到插入锚点的部分，如图 4-54 所示。

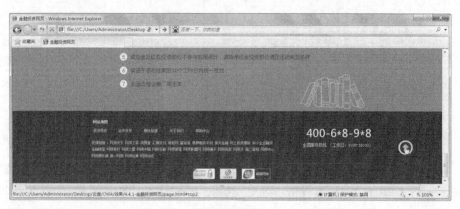

图 4-53

图 4-54

4.4.2　创建命名锚记超链接

若网页的内容很长，为了寻找一个主题，浏览者往往需要拖曳滚动条进行查看，非常不方便。Dreamweaver CS6 提供的锚点链接功能可快速定位到网页的不同位置。

1. 创建锚点

（1）打开要加入锚点的网页。

（2）将光标移到某一个主题内容处。

（3）通过以下几种方法打开"命名锚记"对话框，如图 4-55 所示。

图 4-55

- 按 Ctrl + Alt + A 组合键。
- 选择"插入 > 命名锚记"命令。
- 单击"插入"面板"常用"选项卡中的"命名锚记"按钮 。

在"锚记名称"文本框中输入锚点名称，如"YW"，然后单击"确定"按钮建立锚点。

（4）根据需要重复上述 3 个步骤，在不同的主题内容处建立不同的锚点，如图 4-56 所示。

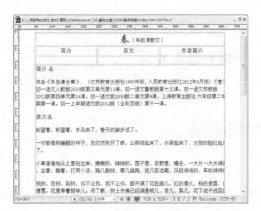

图 4-56

选择"查看 > 可视化助理 > 不可见元素"命令,在文档窗口可显示出锚点。

2. 建立锚点超链接

（1）在网页的开始处选择链接对象，如某主题文字。

（2）通过以下几种方法建立锚点超链接。

● 在"属性"面板的"链接"选项中直接输入"#锚点名"，如"#YW"。

● 在"属性"面板中用鼠标拖曳"链接"选项右侧的"指向文件"图标◎，指向需要链接的锚点，如"YW"锚点，如图 4-57 所示。

● 在文档窗口中选中链接对象，按住 Shift 键的同时将鼠标从链接对象拖向锚点，如图 4-58 所示。

图 4-57

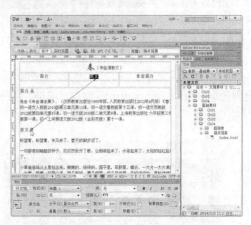

图 4-58

（3）根据需要重复上述 2 个步骤，在网页开始处为不同的主题建立相应的锚点超链接。

4.5 热点超链接

前面介绍的图像超链接一张图只能对应一个链接,但有时需要在图上创建多个链接去打开不同的网页，Dreamweaver CS6 为网站设计者提供的热点链接功能就能解决这个问题。

4.5.1 课堂案例——世界景观网页

案例学习目标

使用"热点"制作图像超链接效果。

案例知识要点

使用"热点"按钮为图像添加热点图像；使用"属性"面板为热点创建超链接。

效果所在位置

云盘中的"Ch04 > 效果 > 世界景观网页 > index.html"，如图 4-59 所示。

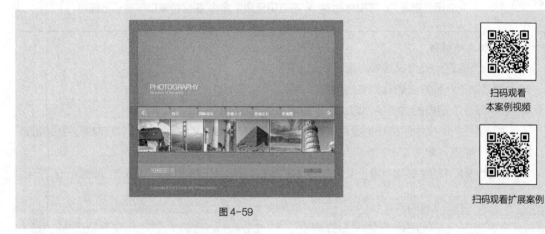

扫码观看
本案例视频

扫码观看扩展案例

图 4-59

（1）选择"文件 > 打开"命令，在弹出的"打开"对话框中，选择云盘中的"Ch04 > 素材 > 世界景观网页 > index.html"文件，单击"打开"按钮打开文件，效果如图 4-60 所示。选中图 4-61 所示的图像。

图 4-60

图 4-61

（2）在"属性"面板中单击"矩形热点工具"按钮□，在文档窗口中绘制矩形热点，如图4-62所示。在"属性"面板"链接"选项右侧的文本框中输入"lmdsc.html"，在"目标"选项的下拉列表中选择"_blank"选项，在"替换"选项右侧的文本框中输入"罗马"，如图4-63所示。

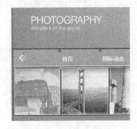

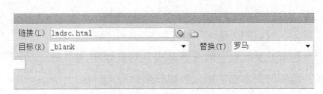

图4-62 　　　　　　　　　　　　　　　　　　图4-63

（3）保存文档，按 F12 键预览效果，将鼠标指针放置在热点图形上，鼠标指针的右下角会出现提示文字，如图4-64所示。单击热点可以跳转到指定的链接页面，效果如图4-65所示。

图4-64 　　　　　　　　　　　　　　　　　　图4-65

4.5.2　创建热点超链接

创建热点超链接的具体操作步骤如下。

（1）选取一张图片，在"属性"面板的"地图"选项下方选择热区创建工具，如图4-66所示。

图4-66

各工具的作用如下。

- "指针热点工具"按钮 。用于选择不同的热区。
- "矩形热点工具"按钮□。用于创建矩形热区。
- "圆形热点工具"按钮○。用于创建圆形热区。
- "多边形热点工具"按钮。用于创建多边形热区。

（2）利用"矩形热点工具""圆形热点工具""多边形热点工具""指针热点工具"在图片上建立

或选择相应形状的热区。

　　将鼠标指针放在图片上，当鼠标指针变为"+"时，在图片上拖曳出相应形状的蓝色热区。如果图片上有多个热区，可通过"指针热点工具" 选择不同的热区，并通过热区的控制点调整热区的大小。例如，利用"矩形热点工具" 在图 4-67 上建立多个矩形链接热区。

　　（3）此时，对应的"属性"面板如图 4-68 所示。在"链接"选项的文本框中输入要链接的网页地址，在"替换"选项的文本框中输入当鼠标指针指向热区时所显示的替换文字。通过热区，用户可以在图片的

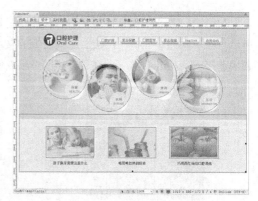

图 4-67

任何地方做一个链接。反复操作，就可以在一张图片上划分很多热区，并为每一个热区设置一个链接，从而实现在一张图片的不同区域上单击鼠标左键链接到不同页面的效果。

图 4-68

　　（4）按 F12 键预览网页的效果，如图 4-69 所示。

图 4-69

4.6　课堂练习——世界旅游网页

练习知识要点

使用"鼠标经过图像"按钮为网页添加导航效果。

素材所在位置

云盘中的"Ch04 > 素材 > 世界旅游网页 > images"。

效果所在位置

云盘中的"Ch04 > 效果 > 世界旅游网页 > index.html",如图 4-70 所示。

图 4-70

扫码观看
本案例视频

4.7 课后习题——家装设计网页

习题知识要点

使用"电子邮件链接"按钮制作电子邮件超链接效果;使用"属性"面板为文字制作下载文件超链接效果;使用"页面属性"命令改变链接的显示效果。

素材所在位置

云盘中的"Ch04 > 素材 > 家装设计网页 > images"。

效果所在位置

云盘中的"Ch04 > 效果 > 家装设计网页 > index.html",如图 4-71 所示。

图 4-71

扫码观看
本案例视频

05

第 5 章
使用表格

本章介绍

表格是网页设计中一个非常有用的工具，它不仅可以将相关数据有序地排列在一起，还可以精确地定位文字、图像等网页元素在页面中的位置，使得页面在形式上丰富多彩又条理清楚，在组织上井然有序而不显单调。使用表格进行页面布局的最大好处是：即使浏览者改变计算机的分辨率也不会影响网页的浏览效果。因此，表格是网站设计人员必须掌握的工具。表格运用得是否熟练，是划分专业制作人士和业余爱好者的一个重要标准。

学习目标

- ✔ 掌握表格的组成
- ✔ 掌握表格的插入方法
- ✔ 掌握表格、单元格和行或列的属性设置方法
- ✔ 掌握在单元格中输入文字、插入其他网页元素的方法
- ✔ 掌握选择整个表格、行或列、单元格的方法
- ✔ 掌握复制、粘贴表格的方法
- ✔ 掌握删除、缩放表格的方法
- ✔ 掌握单元格的合并和单元格的拆分方法

技能目标

- ✔ 掌握"租车网页"的制作方法
- ✔ 掌握"典藏博物馆网页"的制作方法

5.1 表格的简单操作

表格是由若干的行和列组成的，行列交叉的区域为单元格。一般以单元格为单位来插入网页元素，也可以以行和列为单位来修改性质相同的单元格。此处表格的功能和使用方法与文字处理软件的表格不太一样。

5.1.1 课堂案例——租车网页

案例学习目标

使用"插入"面板"常用"选项卡中的按钮制作网页；使用"属性"面板设置文档，使页面更加美观。

案例知识要点

使用"表格"按钮插入表格；使用"图像"按钮插入图像；使用"CSS 样式"命令为单元格添加背景图像及控制文字大小、颜色。

效果所在位置

云盘中的"Ch05 > 效果 > 租车网页 > index.html"，如图 5-1 所示。

扫码观看
本案例视频

扫码观看扩展案例

图 5-1

1. 设置页面属性及插入表格

（1）启动 Dreamweaver CS6，新建一个空白文档。新建页面的初始名称是"Untitled-1.html"。选择"文件 > 保存"命令，弹出"另存为"对话框，在"保存在"选项的下拉列表中选择站点目录保存路径，在"文件名"选项的文本框中输入"index"，单击"保存"按钮，返回编辑窗口。

（2）选择"修改 > 页面属性"命令，在弹出的"页面属性"对话框左侧"分类"列表中选择"外观（CSS）"选项，将"页面字体"选项设为"微软雅黑"，"大小"选项设为"12"，"文本颜色"选

项设为"灰色（#666）"，"左边距""右边距""上边距"和"下边距"选项均设为"0"，如图 5-2
所示。

（3）在"分类"列表中选择"标题/编码"选项，在"标题"选项文本框中输入"租车网页"，如
图 5-3 所示。单击"确定"按钮完成页面属性的修改。

<table>
<tr><td>图 5-2</td><td>图 5-3</td></tr>
</table>

（4）在"插入"面板的"常用"选项卡中单击"表格"按钮 ，在弹出的"表格"对话框中进
行设置，如图 5-4 所示。单击"确定"按钮，完成表格的插入。保持表格的选中状态，在"属性"面
板"对齐"选项的下拉列表中选择"居中对齐"选项，效果如图 5-5 所示。

<table>
<tr><td>图 5-4</td><td>图 5-5</td></tr>
</table>

2. 制作导航条

（1）选择"窗口 > CSS 样式"命令，弹出"CSS 样式"面板。单击"CSS 样式"面板下方的"新
建 CSS 规则"按钮 ，在弹出的"新建 CSS 规则"对话框中进行设置，如图 5-6 所示。单击"确定"
按钮，弹出".bj 的 CSS 规则定义"对话框，在左侧的"分类"列表中选择"类型"选项，将"Font-family"
选项设为"微软雅黑"，"Font-size"选项设为"12"，"Color"选项设为"白色（#FFF）"，如图 5-7
所示。

（2）在左侧的"分类"列表中选择"背景"选项，单击"Background-image"选项右侧的"浏
览"按钮，在弹出的"选择图像源文件"对话框中，选择云盘中的"Ch05 > 素材 > 租车网页 > images"
文件夹中的"bj.jpg"文件，如图 5-8 所示。单击"确定"按钮，返回".bj 的 CSS 规则定义"对话
框，在"Background-repeat"选项的下拉列表中选择"repeat-x"选项，如图 5-9 所示。单击"确
定"按钮完成样式的创建。

图 5-6

图 5-7

图 5-8

图 5-9

（3）将光标置入第 1 行单元格，在"属性"面板"水平"选项的下拉列表中选择"居中对齐"选项，"类"选项的下拉列表中选择"bj"选项，将"高"选项设为"35"。在单元格中输入文字和空格，效果如图 5-10 所示。

图 5-10

（4）将光标置入文字"首页"的左侧，单击"插入"面板"常用"选项卡中的"图像"按钮 ，在弹出的"选择图像源文件"对话框中，选择云盘中的"Ch05 > 素材 > 租车网页 > images"文件夹中的"logo.png"文件，单击"确定"按钮完成图片的插入，效果如图 5-11 所示。

图 5-11

（5）单击"CSS 样式"面板下方的"新建 CSS 规则"按钮 ，在弹出的"新建 CSS 规则"对话框中进行设置，如图 5-12 所示。单击"确定"按钮，弹出".pic 的 CSS 规则定义"对话框，在左侧的"分类"列表中选择"区块"选项，在"Vertical-align"选项的下拉列表中选择"middle"选项，如图 5-13 所示。

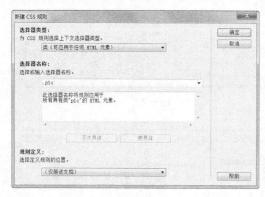

图 5-12

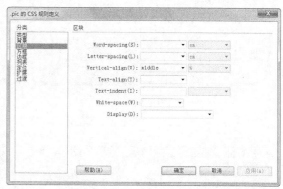

图 5-13

（6）在左侧的"分类"列表中选择"方框"选项，取消勾选"Padding"选项组中的"全部相同"复选框，将"Right"选项设为"20"，如图 5-14 所示。单击"确定"按钮完成样式的创建。

（7）选中 logo 图片，在"属性"面板"类"选项的下拉列表中选择"pic"选项，应用样式，效果如图 5-15 所示。

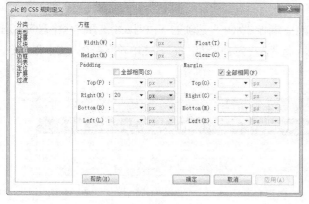

图 5-14

图 5-15

3. 设置单元格背景颜色并插入图像

（1）将光标置入第 2 行单元格，在"属性"面板"水平"选项的下拉列表中选择"居中对齐"选项。单击"插入"面板"常用"选项卡中的"图像"按钮 ，在弹出的"选择图像源文件"对话框中，选择云盘中的"Ch05 > 素材 > 租车网页 > images"文件夹中的"top.png"文件，单击"确定"按钮完成图片的插入，效果如图 5-16 所示。

（2）将光标置入第 3 行单元格，单击"插入"面板"常用"选项卡中的"图像"按钮 ，在弹出的"选择图像源文件"对话框中，选择云盘中的"Ch05 > 素材 > 租车网页 > images"文件夹中的"jdt.jpg"文件，单击"确定"按钮完成图片的插入，效果如图 5-17 所示。

图 5-16

图 5-17

（3）将光标置入第 4 行单元格，在"属性"面板"水平"选项的下拉列表中选择"居中对齐"选项，将"高"选项设为"220"，"背景颜色"选项设为"蓝色（#4489cf）"。单击"插入"面板"常用"选项卡中的"图像"按钮 ，在弹出的"选择图像源文件"对话框中，选择云盘中的"Ch05 > 素材 > 租车网页 > images"文件夹中的"wbjs.png"文件，单击"确定"按钮完成图片的插入，效果如图 5-18 所示。

图 5-18

（4）将光标置入第 5 行单元格，在"属性"面板"水平"选项的下拉列表中选择"居中对齐"选项，将"高"选项设为"60"，"背景颜色"选项设为"灰色（#e0dfdf）"。在单元格中输入文字，效果如图 5-19 所示。

图 5-19

（5）保存文档，按 F12 键预览效果，如图 5-20 所示。

图 5-20

5.1.2　表格的组成

表格中包含行、列、单元格、表格标题等元素，如图 5-21 所示。

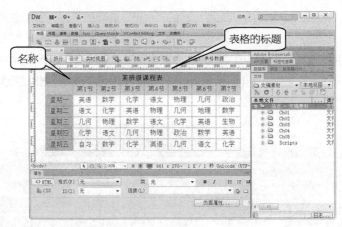

图 5-21

表格元素所对应的 HTML 标签如下。

● <table> </table>。标记表格的开始和结束。通过设置它的常用参数，可以指定表格的高度、宽度、框线的宽度、背景图像、背景颜色、单元格间距、单元格边界和内容的距离以及表格相对页面的对齐方式。

● <tr> </tr>。标记表格的行。通过设置它的常用参数，可以指定行的背景图像、行的背景颜色、行的对齐方式。

● <td> </td>。标记单元格内的数据。通过设置它的常用参数，可以指定列的对齐方式、列的背景图像、列的背景颜色、列的宽度、单元格垂直对齐方式等。

● <caption> </caption>。标记表格的标题。

● <th> </th>。标记表格的列名。

虽然 Dreamweaver CS6 允许用户在"设计"视图中直接操作行、列和单元格，但对于复杂的表格，就无法通过鼠标选择用户所需要的对象。所以对于网站设计者来说，必须了解表格元素的 HTML 标签的基本内容。

当选中表格或表格中有光标时，Dreamweaver CS6 会显示表格的宽度和每列的列宽。宽度旁边是表格标题菜单与列标题菜单的箭头，如图 5-22 所示。

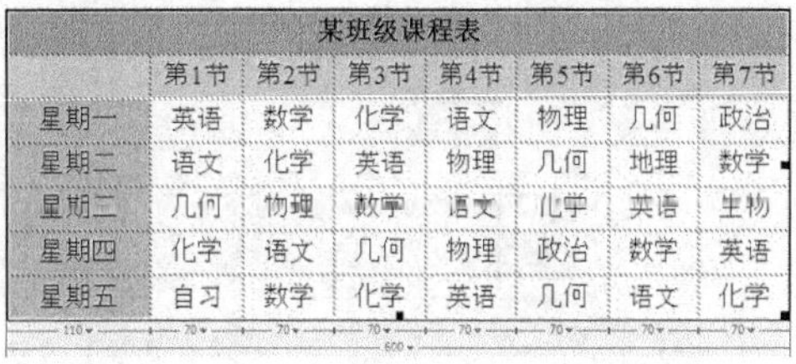

用户可以根据需要打开或关闭表格和列的宽度显示。打开或关闭表格和列的宽度显示有以下几种方法。

某班级课程表						
第1节	第2节	第3节	第4节	第5节	第6节	第7节

	第1节	第2节	第3节	第4节	第5节	第6节	第7节
星期一	英语	数学	化学	语文	物理	几何	政治
星期二	语文	化学	英语	物理	几何	地理	数学
星期三	几何	物理	数学	语文	化学	英语	生物
星期四	化学	语文	几何	物理	政治	数学	英语
星期五	自习	数学	化学	英语	几何	语文	化学

图 5-22

- 选中表格或在表格中放入光标，然后选择"查看 > 可视化助理 > 表格宽度"命令。
- 用鼠标右键单击表格，在弹出的菜单中选择"表格 > 表格宽度"命令。

5.1.3　插入表格

要将相关数据有序地组织在一起，必须先插入表格，然后才能有效组织数据。

插入表格的具体操作步骤如下。

（1）在文档窗口中，将光标放到合适的位置。

（2）通过以下几种方法打开"表格"对话框，如图 5-23 所示。

- 选择"插入 > 表格"命令，或按 Ctrl+Alt+T 组合键。
- 单击"插入"面板"常用"选项卡中的"表格"按钮 囲。
- 单击"插入"面板"布局"选项卡中的"表格"按钮 囲。

对话框中各选项的作用如下。

- "表格大小"选项组。完成表格行数、列数，以及表格宽度、边框粗细等参数的设置。
- "行数"选项。设置表格的行数。
- "列"选项。设置表格的列数。
- "表格宽度"选项。以像素为单位或以浏览器窗口宽度的百分比设置表格的宽度。
- "边框粗细"选项。以像素为单位设置表格边框的宽度。对于大多数浏览器来说，此选项值设置为 1。如果用表格进行页面布局时将此选项值设置为 0，浏览网页时就不会显示表格的边框。
- "单元格边距"选项。设置单元格边框与单元格内容之间的像素数。对于大多数浏览器来说，此选项的值设置为 1。如果用表格进行页面布局时将此选项值设置为 0，浏览网页时单元格边框与内容之间就没有间距。
- "单元格间距"选项。设置相邻的单元格之间的像素数。对于大多数浏览器来说，此选项的值设置为 2。如果用表格进行页面布局时将此选项值设置为 0，浏览网页时单元格之间就没有间距。
- "标题"选项。设置表格标题，它显示在表格的外面。
- "摘要"选项。对表格的说明，但是该文本不会显示在用户的浏览器中，仅在源代码中显示，可提高源代码的可读性。

可以通过图 5-24 所示的表来了解上述对话框选项的具体内容。

| 图 5-23 | 图 5-24 |

在"表格"对话框中，当"边框粗细"选项设置为"0"时，在窗口中不显示表格的边框，若要查看单元格和表格边框，选择"查看 > 可视化助理 > 表格边框"命令即可。

（3）根据需要选择新建表格的大小、行列数值等，单击"确定"按钮完成新建表格的设置。

5.1.4　表格各元素的属性

1. 表格的属性

表格的"属性"面板如图 5-25 所示，其各选项的作用如下。

图 5-25

- "表格"选项。用于标记表格。
- "行"和"列"选项。用于设置表格中行和列的数目。
- "宽"选项。以像素为单位或以浏览器窗口宽度的百分比来设置表格的宽度和高度。
- "填充"选项。也称单元格边距，是单元格内容和单元格边框之间的像素数。对于大多数浏览器来说，此选项的值设为 1。如果用表格进行页面布局时将此参数设置为 0，浏览网页时单元格边框与内容之间就没有间距。
- "间距"选项。也称单元格间距，是相邻的单元格之间的像素数。对于大多数浏览器来说，此选项的值设为 2。如果用表格进行页面布局时将此参数设置为 0，浏览网页时单元格之间就没有间距。
- "对齐"选项。表格在页面中相对于同一段落其他元素的显示位置。
- "边框"选项。以像素为单位设置表格边框的宽度。
- "清除列宽"按钮 和"清除行高"按钮 。从表格中删除所有明确指定的列宽或行高的数值。

- "将表格宽度转换成像素"按钮。将表格每列宽度的单位转换成像素，还可将表格宽度的单位转换成像素。
- "将表格宽度转换成百分比"按钮。将表格每列宽度的单位转换成百分比，还可将表格宽度的单位转换成百分比。
- "类"选项。设置表格样式。

知识提示　如果没有明确指定单元格间距和单元格边距的值，则大多数浏览器按单元格边距设置为 1、单元格间距设置为 2 显示表格。

---

2. 单元格和行或列的属性

单元格和行或列的"属性"面板如图 5-26 所示，其各选项的作用如下。

图 5-26

- "合并所选单元格，使用跨度"按钮□。将选中的多个单元格、选中的行或列的单元格合并成一个单元格。
- "拆分单元格为行或列"按钮。将选中的一个单元格拆分成多个单元格。一次只能对一个单元格进行拆分，若选择多个单元格，则此按钮禁用。
- "水平"选项。设置行或列中内容的水平对齐方式，包括"默认""左对齐""居中对齐""右对齐"4 个选项值。一般标题行的所有单元格设置为居中对齐方式。
- "垂直"选项。设置行或列中内容的垂直对齐方式，包括"默认""顶端""居中""底部""基线"5 个选项值，一般采用居中对齐方式。
- "宽"和"高"选项。以像素为单位或以浏览器窗口宽度的百分比来设置表格的宽度和高度。
- "不换行"选项。设置单元格文本是否换行。如果勾选"不换行"复选框，当输入的数据超出单元格的宽度时，会自动增加单元格的宽度来容纳数据。
- "标题"选项。设置是否将行或列的每个单元格的格式设置为表格标题单元格的格式。
- "背景颜色"选项。设置单元格的背景颜色。

5.1.5　在表格中插入内容

建立表格后，可以在表格中添加各种网页元素，如文本、图像和表格等。在表格中添加元素的操作非常简单，只需根据设计要求选中单元格，然后插入网页元素即可。一般在表格中插入内容后，表格的尺寸会随内容的尺寸自动调整。当然，还可以利用单元格的属性来调整其内部元素的对齐方式和单元格的大小等。

1. 输入文字

在单元格中输入文字，有以下几种方法。

- 单击任意一个单元格并直接输入文本，此时单元格会随文本的输入自动扩展。

- 粘贴从其他文字编辑软件中复制的带有格式的文本。

2．插入其他网页元素

- 嵌套表格。将光标放到一个单元格内并插入表格，即可实现嵌套表格。
- 插入图像。在表格中插入图像有以下 4 种方法。

① 将光标放到一个单元格中，单击"插入"面板"常用"选项卡中的"图像"按钮 ⬛▾。

② 将光标放到一个单元格中，选择"插入 > 图像"命令，或按 Ctrl+Alt+I 组合键。

③ 将光标放到一个单元格中，将"插入"面板"常用"选项卡中的"图像"按钮 ⬛▾拖曳到单元格内。

④ 从资源管理器、站点资源管理器或桌面上直接将图像文件拖曳到一个需要插入图像的单元格内。

5.1.6　选择表格元素

1．选择整个表格

选择整个表格有以下几种方法。

- 将鼠标指针放到表格的边框位置，鼠标指针右下角出现图标 ⊞，如图 5-27 所示。此时单击鼠标左键即可选中整个表格，如图 5-28 所示。

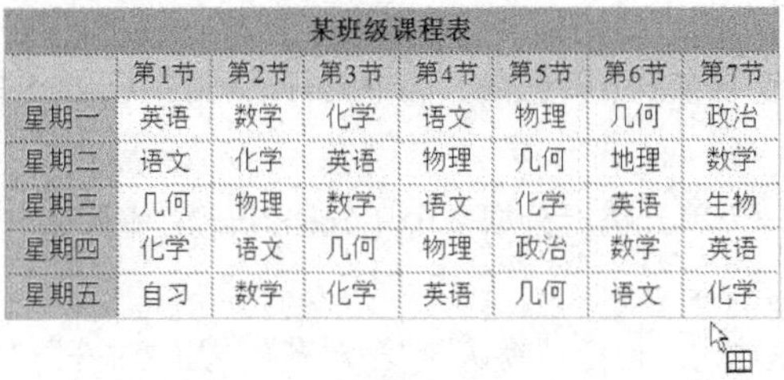

图 5-27 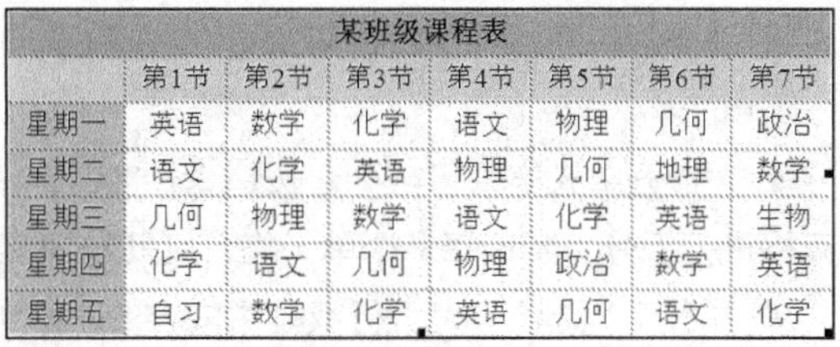　　　　　　　　　　　　　　　　　图 5-28

- 将光标放到表格的任意单元格中，然后在文档窗口左下角的标签栏中选择<table>标签，如图 5-29 所示。
- 将光标放到表格中，然后选择"修改 > 表格 > 选择表格"命令。
- 在任意单元格中单击鼠标右键，在弹出的菜单中选择"表格 > 选择表格"命令，如图 5-30 所示。

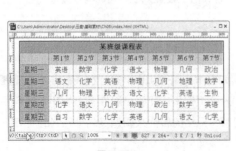

图 5-29

图 5-30

2．选择行或列

- 选择单行或单列。定位鼠标指针，使其指向行的左边缘或列的上边缘。当鼠标指针变成向右或向下的箭头时单击鼠标左键，如图 5-31 所示。

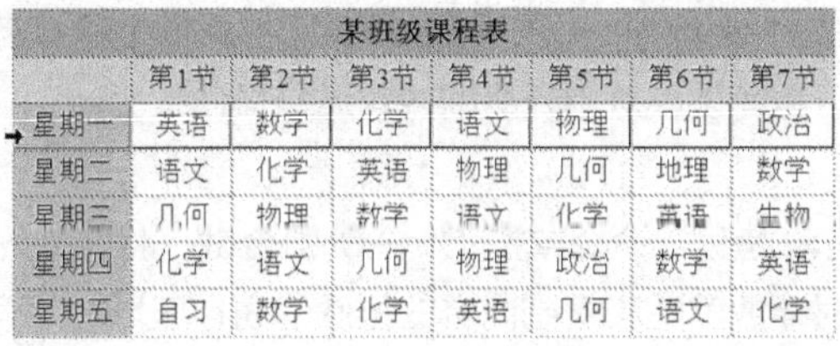
某班级课程表

	第1节	第2节	第3节	第4节	第5节	第6节	第7节
星期一	英语	数学	化学	语文	物理	几何	政治
星期二	语文	化学	英语	物理	几何	地理	数学
星期三	几何	物理	数学	语文	化学	英语	生物
星期四	化学	语文	几何	物理	政治	数学	英语
星期五	自习	数学	化学	英语	几何	语文	化学

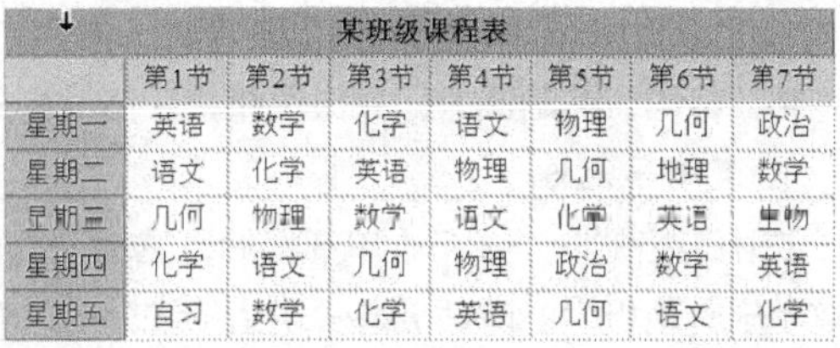
某班级课程表

	第1节	第2节	第3节	第4节	第5节	第6节	第7节
星期一	英语	数学	化学	语文	物理	几何	政治
星期二	语文	化学	英语	物理	几何	地理	数学
星期三	几何	物理	数学	语文	化学	英语	生物
星期四	化学	语文	几何	物理	政治	数学	英语
星期五	自习	数学	化学	英语	几何	语文	化学

图 5-31

- 选择多行或多列。定位鼠标指针，使其指向行的左边缘或列的上边缘。当鼠标指针变为方向箭头时，直接拖曳鼠标，或按住 Ctrl 键的同时单击行或列，选择多行或多列，如图 5-32 所示。

3. **选择单元格**

选择单元格有以下几种方法。

- 将光标放到表格中，然后在文档窗口左下角的标签栏中选择<td>标签，如图 5-33 所示。

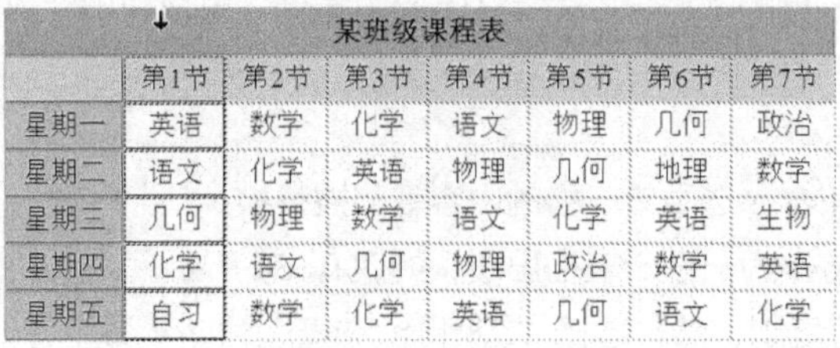
某班级课程表

	第1节	第2节	第3节	第4节	第5节	第6节	第7节
星期一	英语	数学	化学	语文	物理	几何	政治
星期二	语文	化学	英语	物理	几何	地理	数学
星期三	几何	物理	数学	语文	化学	英语	生物
星期四	化学	语文	几何	物理	政治	数学	英语
星期五	自习	数学	化学	英语	几何	语文	化学

图 5-32

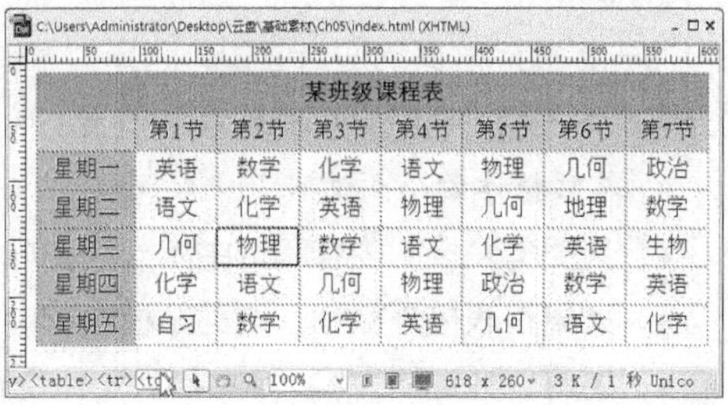

某班级课程表

	第1节	第2节	第3节	第4节	第5节	第6节	第7节
星期一	英语	数学	化学	语文	物理	几何	政治
星期二	语文	化学	英语	物理	几何	地理	数学
星期三	几何	物理	数学	语文	化学	英语	生物
星期四	化学	语文	几何	物理	政治	数学	英语
星期五	自习	数学	化学	英语	几何	语文	化学

图 5-33

- 单击任意单元格后，按住鼠标左键不放，直接拖曳鼠标选择单元格。
- 将光标放到单元格中，然后选择“编辑 > 全选”命令，选中光标所在的单元格。

4. **选择一个矩形块区域**

选择一个矩形块区域有以下几种方法。

- 将鼠标指针从一个单元格向右下方拖曳到另一个单元格。如将鼠标指针从“星期一”单元格向右下方拖曳到最后一个“化学”单元格，得到图 5-34 所示的结果。
- 选择矩形块左上角对应的单元格，按住 Shift 键的同时单击矩形块右下角对应的单元格。这两个单元格定义的直线或矩形区域中的所有单元格都将被选中。

5. **选择不相邻的单元格**

按住 Ctrl 键的同时单击某个单元格即选中该单元格，当再次单击这个单元格时则取消对它的选中，如图 5-35 所示。

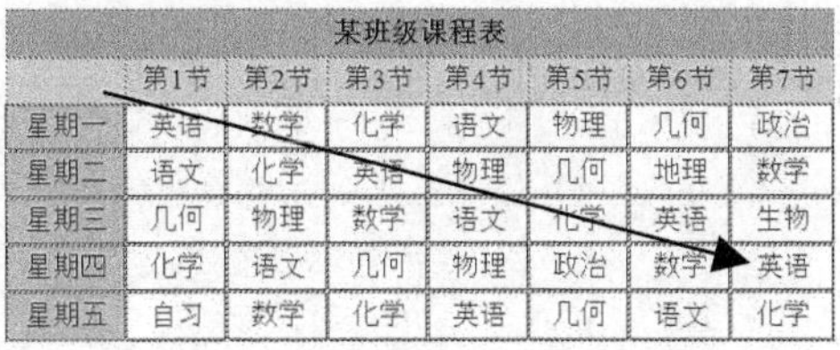
某班级课程表

	第1节	第2节	第3节	第4节	第5节	第6节	第7节
星期一	英语	数学	化学	语文	物理	几何	政治
星期二	语文	化学	英语	物理	几何	地理	数学
星期三	几何	物理	数学	语文	化学	英语	生物
星期四	化学	语文	几何	物理	政治	数学	英语
星期五	自习	数学	化学	英语	几何	语文	化学

图 5-34

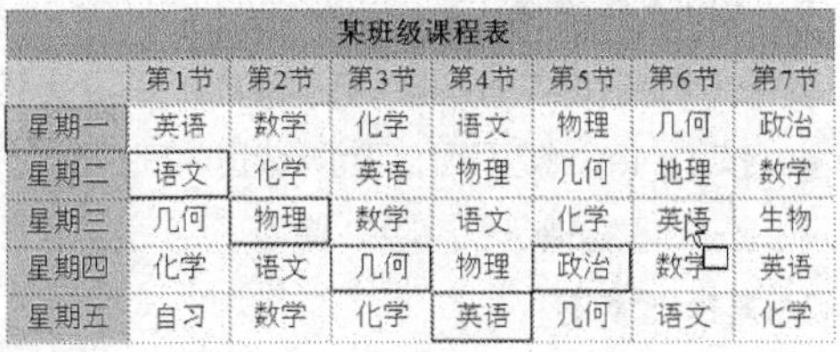
某班级课程表

	第1节	第2节	第3节	第4节	第5节	第6节	第7节
星期一	英语	数学	化学	语文	物理	几何	政治
星期二	语文	化学	英语	物理	几何	地理	数学
星期三	几何	物理	数学	语文	化学	英语	生物
星期四	化学	语文	几何	物理	政治	数学	英语
星期五	自习	数学	化学	英语	几何	语文	化学

图 5-35

5.1.7　复制、粘贴表格

在 Dreamweaver CS6 中复制表格的操作如同在 Word 中一样，可以对表格中的多个单元格进行复制、剪切、粘贴操作，并保留原单元格的格式。也可以仅对单元格的内容进行操作。

1．复制单元格

选中表格的一个或多个单元格后，选择"编辑 > 拷贝"命令或按 Ctrl+C 组合键，将选择的内容复制到剪贴板中。剪贴板是一块由系统分配的暂时存放剪贴和复制内容的特殊的内存区域。

2．剪切单元格

选中表格的一个或多个单元格后，选择"编辑 > 剪切"命令或按 Ctrl+X 组合键，将选择的内容剪切到剪贴板中。

 必须选择连续的矩形区域，否则不能进行复制和剪切操作。

3．粘贴单元格

将光标放到网页的适当位置，选择"编辑 > 粘贴"命令或按 Ctrl+V 组合键，将当前剪贴板中包含格式的表格内容粘贴到光标所在位置。

4．粘贴操作的几点说明

- 只要剪贴板的内容和选中单元格的内容兼容，选中单元格的内容就将被替换。
- 如果在表格外粘贴，则剪贴板中的内容将作为一个新表格出现，如图 5-36 所示。
- 还可以先选择"编辑 > 拷贝"命令进行复制，然后选择"编辑 > 选择性粘贴"命令，打开"选择性粘贴"对话框，如图 5-37 所示。设置完成后单击"确定"按钮进行粘贴。

图 5-36

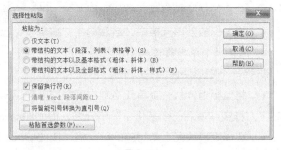

图 5-37

5.1.8　删除表格和表格内容

删除表格的操作包括删除行或列，以及清除表格内容。

1．清除表格内容

选中表格中要清除内容的区域后，要实现清除表格内容的操作有以下几种方法。

- 按 Delete 键即可清除所选区域的内容。
- 选择"编辑 > 清除"命令。

2．删除行或列

选中表格中要删除的行或列后，要实现删除行或列的操作有以下几种方法。

- 选择"修改 > 表格 > 删除行"命令或按 Ctrl+Shift+M 组合键，删除选择区域所在的行。
- 选择"修改 > 表格 > 删除列"命令或按 Ctrl+Shift+ —组合键，删除选择区域所在的列。

5.1.9 缩放表格

创建表格后，可根据需要调整表格、行和列的大小。

1. 缩放表格

缩放表格有以下几种方法。

- 将鼠标指针放在选中表格的边框上，当鼠标指针光标变为 ↔ 时，左右拖动边框，可以实现表格的缩放，如图 5-38 所示。
- 选中表格，直接修改"属性"面板中的"宽"和"高"选项。

2. 修改行或列的大小

修改行或列的大小有以下几种方法。

- 直接拖曳鼠标。改变行高，可上下拖曳行的底边线；改变列宽，可左右拖曳列的右边线，如图 5-39 所示。

第6节	第7节
几何	政治
地理	数学
英语	生物
数学	英语
语文	化学

图 5-38

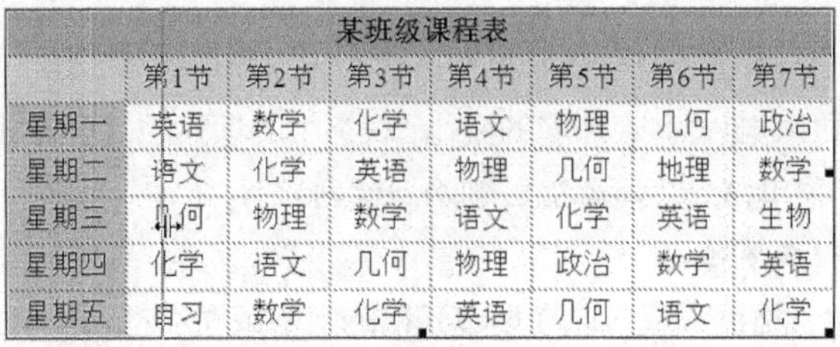

某班级课程表							
	第1节	第2节	第3节	第4节	第5节	第6节	第7节
星期一	英语	数学	化学	语文	物理	几何	政治
星期二	语文	化学	英语	物理	几何	地理	数学
星期三	几何	物理	数学	语文	化学	英语	生物
星期四	化学	语文	几何	物理	政治	数学	英语
星期五	自习	数学	化学	英语	几何	语文	化学

图 5-39

- 输入行高或列宽的值。在"属性"面板中直接输入选中单元格所在行或列的行高或列宽的数值。

5.1.10 合并和拆分单元格

有的表格项需要几行或几列来说明，这时需要将多个单元格合并，生成一个跨多个列或行的单元格，如图 5-40 所示。

1. 合并单元格

选中连续的单元格后，就可将它们合并成一个单元格。合并单元格有以下几种方法。

- 按 Ctrl+Alt+M 组合键。
- 选择"修改 > 表格 > 合并单元格"命令。
- 单击"属性"面板中的"合并所选单元格，使用跨度"按钮 ▭。

某班级课程表							
	第1节	第2节	第3节	第4节	第5节	第6节	第7节
星期一	英语	数学	化学	语文	物理	几何	政治
星期二星期三星期四星期五	语文	化学	英语	物理	几何	地理	数学
	几何	物理	数学	语文	化学	英语	生物
	化学	语文	几何	物理	政治	数学	英语
	自习	数学	化学	英语	几何	语文	化学

图 5-40

知识提示　合并前的多个单元格的内容将合并到一个单元格中。不相邻的单元格不能合并，并应保证要合并的为矩形的单元格区域。

2. 拆分单元格

有时为了满足用户的需要，要将一个表格项分成多个单元格以详细显示不同的内容，必须将单元格进行拆分。

拆分单元格的具体操作步骤如下。

（1）选中一个要拆分的单元格。

（2）通过以下几种方法打开"拆分单元格"对话框，如图5-41所示。

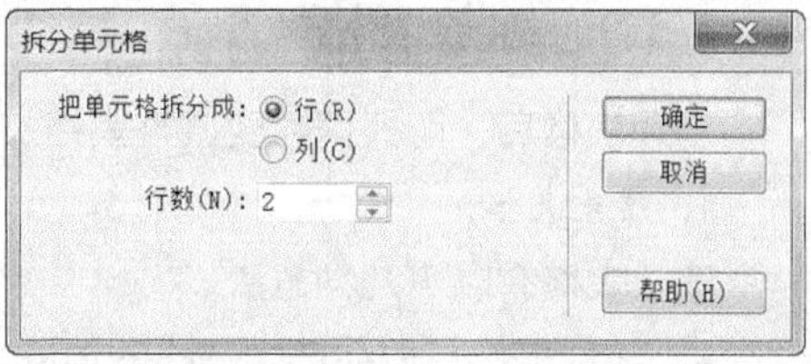

- 按 Ctrl+Alt+S 组合键。

- 选择"修改 > 表格 > 拆分单元格"命令。

- 在"属性"面板中，单击"拆分单元格为行或列"按钮 北。

"拆分单元格"对话框中各选项的作用如下。

图 5-41

- "把单元格拆分成"选项组。设置是按行还是按列拆分单元格，它包括"行"和"列"两个选项。

- "行数"或"列数"选项。设置将指定单元格拆分成的行数或列数。

（3）根据需要进行设置，单击"确定"按钮完成单元格的拆分。

5.1.11 增加和删除表格的行和列

在实际工作中，随着客观环境的变化，表格中的项目也需要做相应的调整，通过选择"修改 > 表格"中的相应子菜单命令，可添加、删除行或列。

1. 插入单行或单列

选中一个单元格后，就可以在该单元格的上下或左右插入一行或一列。

插入单行有以下几种方法。

- 选择"修改 > 表格 > 插入行"命令，在光标的上面插入一行。

- 按 Ctrl+M 组合键，在光标的下面插入一行。

- 选择"插入 > 表格对象 > 在上面插入行"命令，在光标的上面插入一行。

- 选择"插入 > 表格对象 > 在下面插入行"命令，在光标的下面插入一行。

插入单列有以下几种方法。

- 选择"修改记录 > 表格 > 插入列"命令，在光标的左侧插入一列。

- 按 Ctrl+Shift+A 组合键，在光标的右侧插入一列。

- 选择"插入 > 表格对象 > 在左边插入列"命令，在光标的左侧插入一列。

- 选择"插入 > 表格对象 > 在右边插入列"命令，在光标的右侧插入一列。

2. 插入多行或多列

选中一个单元格，选择"修改 > 表格 > 插入行或列"命令，弹出"插入行或列"对话框。根据需要设置对话框，可实现在当前行的上面或下面插入多行，如图5-42所示；或在当前列之前或之后插入多列，如图5-43所示。

"插入行或列"对话框中各选项的作用如下。

- "插入"选项组。设置是插入行还是列，它包括"行"和"列"两个选项。

- "行数"或"列数"选项。设置要插入行或列的数目。

- "位置"选项组。设置新行或新列相对于所选单元格所在行或列的位置。

图 5-42 　　　　　　　　　　　　　　图 5-43

知识提示

在表格的最后一个单元格中按 Tab 键会自动在表格的下方新添一行。

5.2　网页中的数据表格

在 Dreamweaver CS6 中提供了对表格进行排序的功能，还可以根据一列的内容来完成一次简单的表格排序，也可以根据两列的内容来完成一次较复杂的排序。

5.2.1　课堂案例——典藏博物馆网页

案例学习目标

使用"插入"命令导入外部表格数据；使用"命令"菜单将表格的数据排序。

案例知识要点

使用"导入表格式数据"命令导入外部表格数据；使用"排序表格"命令将表格的数据排序。

效果所在位置

云盘中的"Ch05 > 效果 > 典藏博物馆网页 > index.html"，如图 5-44 所示。

扫码观看
本案例视频

扫码观看扩展案例

图 5-44

1. 导入表格式数据

（1）选择"文件 > 打开"命令，在弹出的"打开"对话框中，选择云盘中的"Ch05 > 典藏博物馆网页 > index.html"文件，单击"打开"按钮打开文件，如图 5-45 所示。将光标置入要导入表格数据的位置，如图 5-46 所示。

 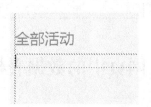

图 5-45   图 5-46

（2）选择"插入 > 表格对象 > 导入表格式数据"命令，弹出"导入表格式数据"对话框。单击"数据文件"选项右侧的"浏览"按钮，在弹出 的"打开"对话框中，选择云盘中的"Ch05 > 典藏博物馆网页 > sj.txt"文件，如图 5-47 所示。单击"打开"按钮，返回对话框中，如图 5-48 所示。单击"确定"按钮，导入表格式数据，效果如图 5-49 所示。

图 5-47   图 5-48

全部活动

活动标题	时间	地点	人物
【纪录片欣赏】春蚕	2018-04-04 周六 14:00-16:00	观众活动中心	50人
【专题讲座】夏衍：世纪的同龄人	2018-04-06 周六 10:00-12:00	观众活动中心	120人
【专题导览】货币艺术	2018-04-10 周五 15:00-16:00	观众活动中心	100人
【专题讲座】内蒙古博物院	2018-04-18 周六 14:00-16:00	观众活动中心	150人
【纪录片欣赏】风云儿女	2018-04-19 周日 14:00-16:00	观众活动中心	113人

图 5-49

（3）保持表格的选中状态，在"属性"面板中将"宽"选项设为"100"，在右侧的选项列表中选择"%"，表格效果如图 5-50 所示。

图 5-50

（4）将第 1 列单元格全部选中，如图 5-51 所示。在"属性"面板中将"宽"选项设为"300"，"高"选项设为"30"，效果如图 5-52 所示。

图 5-51

图 5-52

（5）选中第 2 列所有单元格，在"属性"面板中将"宽"选项设为"240"。分别选中第 3 列和第 4 列所有单元格，将"宽"选项设为"130"，效果如图 5-53 所示。

图 5-53

（6）选择"窗口 > CSS 样式"命令，弹出"CSS 样式"面板，单击面板下方的"新建 CSS 规则"按钮 ，在对话框中进行设置，如图 5-54 所示。单击"确定"按钮，弹出".bt 的 CSS 规则定义"对话框，在左侧的"分类"列表中选择"类型"选项，将"Font-family"选项设为"方正大黑简体"，"Font-size"选项设为"18"，"Color"选项设为"褐色（#993）"，如图 5-55 所示。单击"确定"按钮完成样式的创建。

图 5-54

图 5-55

（7）选中图 5-56 所示的文字，在"属性"面板"类"选项的下拉列表中选择"bt"选项，应用样式，效果如图 5-57 所示。用相同的方法为其他文字应用样式，效果如图 5-58 所示。

时间	地点	人物
2018-04-04 周六 14:00-16:00	观众活动中心	50人
2018-04-06 周六 10:00-12:00	观众活动中心	120人
2018-04-10 周五 15:00-16:00	观众活动中心	100人

图 5-56　　　　　　图 5-57　　　　　　　　　　　　图 5-58

（8）单击"CSS 样式"面板下方的"新建 CSS 规则"按钮，在对话框中进行设置，如图 5-59 所示。单击"确定"按钮，弹出".text 01 的 CSS 规则定义"对话框，在左侧的"分类"列表中选择"类型"选项，将"Font-family"选项设为"微软雅黑"，"Font-size"选项设为"14"，将"Color"选项设为"灰色（#999）"，如图 5-60 所示。单击"确定"按钮完成样式的创建。

图 5-59

图 5-60

（9）选中图 5-61 所示的单元格，在"属性"面板"类"选项的下拉列表中选择"text01"选项，应用样式，效果如图 5-62 所示。

（10）保存文档，按 F12 键预览效果，如图 5-63 所示。

2. 排序表格

（1）选中图 5-64 所示的表格，选择"命令 > 排序表格"命令，弹出"排序表格"对话框，如

图 5-65 所示。在"排序按"选项的下拉列表中选择"列 1","顺序"下拉列表中选择"按数字顺序",
在后面的下拉列表中选择"升序",如图 5-66 所示。单击"确定"按钮,对表格进行排序,效果如图
5-67 所示。

全部活动

活动标题	时间	地点	人物
【纪录片欣赏】春蚕	2018-04-04 周六 14:00-16:00	观众活动中心	50人
【专题讲座】夏衍:世纪的同龄人	2018-04-06 周六 10:00-12:00	观众活动中心	120人
【专题导览】货币艺术	2018-04-10 周五 15:00-16:00	观众活动中心	100人
【专题讲座】内蒙古博物院	2018-04-18 周六 14:00-16:00	观众活动中心	150人
【纪录片欣赏】风云儿女	2018-04-19 周日 14:00-16:00	观众活动中心	113人

图 5-61

全部活动

活动标题	时间	地点	人物
【纪录片欣赏】春蚕	2018-04-04 周六 14:00-16:00	观众活动中心	50人
【专题讲座】夏衍:世纪的同龄人	2018-04-06 周六 10:00-12:00	观众活动中心	120人
【专题导览】货币艺术	2018-04-10 周五 15:00-16:00	观众活动中心	100人
【专题讲座】内蒙古博物院	2018-04-18 周六 14:00-16:00	观众活动中心	150人
【纪录片欣赏】风云儿女	2018-04-19 周日 14:00-16:00	观众活动中心	113人

图 5-62

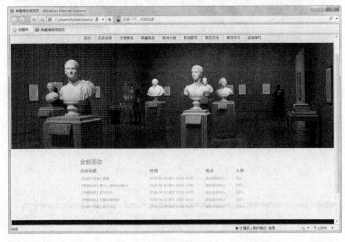

图 5-63

全部活动

活动标题	时间	地点	人物
【纪录片欣赏】春蚕	2018-04-04 周六 14:00-16:00	观众活动中心	50人
【专题讲座】夏衍:世纪的同龄人	2018-04-06 周六 10:00-12:00	观众活动中心	120人
【专题导览】货币艺术	2018-04-10 周五 15:00-16:00	观众活动中心	100人
【专题讲座】内蒙古博物院	2018-04-18 周六 14:00-16:00	观众活动中心	150人
【纪录片欣赏】风云儿女	2018-04-19 周日 14:00-16:00	观众活动中心	113人

图 5-64

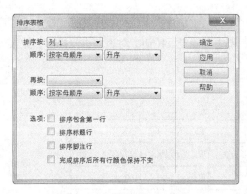

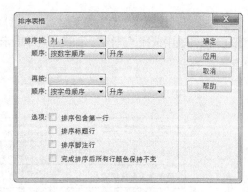

图 5-65   图 5-66

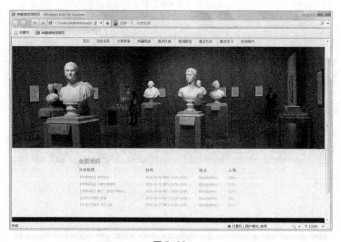

图 5-67

（2）保存文档，按 F12 键预览效果，如图 5-68 所示。

图 5-68

5.2.2　导入和导出表格的数据

在网页设计中，有时需要将 Word 文档中的内容或 Excel 文档中的表格数据导入网页进行发布，或将网页中的表格数据导出到 Word 文档或 Excel 文档中进行编辑，Dreamweaver CS6 提供了实现这种操作的功能。

1．导入 Excel 文档中的表格数据

选择"文件 > 导入 > Excel 文档"命令，弹出"导入 Excel 文档"对话框，如图 5-69 所示。选择包含导入数据的 Excel 文档，导入后的效果如图 5-70 所示。

图 5-69   图 5-70

2. 导入 Word 文档中的内容

选择"文件 > 导入 > Word 文档"命令，弹出"导入 Word 文档"对话框，如图 5-71 所示。选择包含导入内容的 Word 文档，导入后的效果如图 5-72 所示。

图 5-71   图 5-72

3. 将网页中的表格导入其他网页或 Word 文档

若将一个网页的表格导入其他网页或 Word 文档，需先将网页内的表格数据导出，然后将其导入其他网页或切换并导入 Word 文档。

将网页内的表格数据导出的步骤如下。

选择"文件 > 导出 > 表格"命令，弹出图 5-73 所示的"导出表格"对话框，根据需要设置参数。单击"导出"按钮，弹出"表格导出为"对话框，输入保存导出数据的文件名称，单击"保存"按钮完成设置。

图 5-73

"导出表格"对话框中各选项的作用如下。

- "定界符"选项。设置导出文件所使用的分隔符字符。
- "换行符"选项。设置打开导出文件的操作系统。

在其他网页中导入表格数据的步骤如下。

首先要打开"导入表格式数据"对话框，如图 5-74 所示。然后根据需要进行选项设置，最后单击"确定"按钮完成设置。

打开"导入表格式数据"对话框有以下几种方法。

- 选择"文件 > 导入 > 表格式数据"命令。
- 选择"插入 > 表格对象 > 导入表格式数据"命令。

"导入表格式数据"对话框中各选项的作用如下。

- "数据文件"选项。单击"浏览"按钮选择要导入的文件。
- "定界符"选项。设置正在导入的表格文件所使用的分隔符。它包括 Tab、逗点等选项值。如果选择"其他"选项，要在选项右侧的文本框中输入导入文件使用的分隔符，如图 5-75 所示。

图 5-74

图 5-75

- "表格宽度"选项组。设置将要创建的表格宽度。
- "单元格边距"选项。以像素为单位设置单元格内容与单元格边框之间的距离。
- "单元格间距"选项。以像素为单位设置相邻单元格之间的距离。
- "格式化首行"选项。设置应用于表格首行的格式。从下拉列表的"无格式""粗体""斜体"和"加粗斜体"选项中进行选择。
- "边框"选项。设置表格边框的宽度。

在 Word 文档中导入表格数据的步骤如下。

图 5-76

在 Word 文档中选择"插入 > 对象 > 文件中的文字"命令，弹出图 5-76 所示的"插入文件"对话框。选择插入的文件，单击"插入"按钮，弹出图 5-77 所示的"文件转换-导出数据.csv"对话框，单击"确定"按钮完成设置，效果如图 5-78 所示。

图 5-77

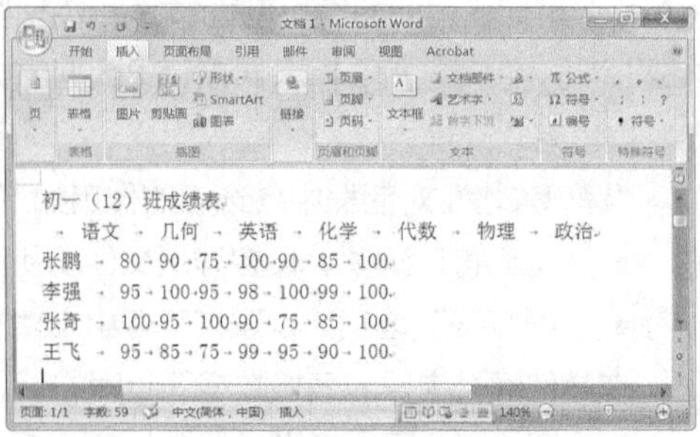

图 5-78

5.2.3 排序表格

日常工作中，网站设计者常常需要对无序的表格内容进行排序，以便浏览者快速找到所需的数据。表格排序功能可以为设计者实现这一功能。

将光标放到要排序的表格中，然后选择"命令 > 排序表格"命令，弹出"排序表格"对话框，如图 5-79 所示。根据需要设置相应选项，单击"应用"或"确定"按钮完成设置。

"排序表格"对话框中各选项的作用如下。

- "排序按"选项。设置表格按哪列的值进行排序。

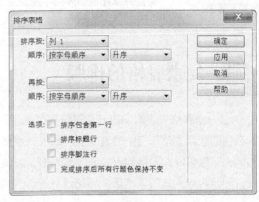

图 5-79

- "顺序"选项。设置是按字母还是按数字顺序以及是以升序（从 A 到 Z 或从小数字到大数字）还是降序对列进行排序。当列的内容是数字时，选择"按数字顺序"。如果按字母顺序对一组由一位或两位字数组成的数进行排序，则会将这些数字作为单词按照从左到右的方式进行排序，而不是按数字大小进行排序。如 1、2、3、10、20、30，若按字母排序，则结果为 1、10、2、20、3、30；若按数字排序，则结果为 1、2、3、10、20、30。

- "再按"和"顺序"选项。按第一种排序方法排序后，当排序的列中出现相同的结果时按第二种排序方法排序。可以在这两个选项中设置第二种排序方法，设置方法与第一种排序方法相同。

- "选项"选项组。设置是否将标题行、脚注行等一起进行排序。

- "排序包含第一行"选项。设置表格的第一行是否应该排序。如果第一行是不应移动的标题，则不选择此选项。

- "排序标题行"选项。设置是否对标题行进行排序。

- "排序脚注行"选项。设置是否对脚注行进行排序。

- "完成排序后所有行颜色保持不变"选项：设置排序的结果是否保持原行的颜色值。如果表格行使用两种交替的颜色，则不要选择此选项，以确保排序后的表格仍具有颜色交替的行；如果行属性特定于每行的内容，则选择此选项，以确保这些属性与排序后表格中正确的行保持关联。

按图 5-79 所示进行设置，表格内容排序后效果如图 5-80 所示。

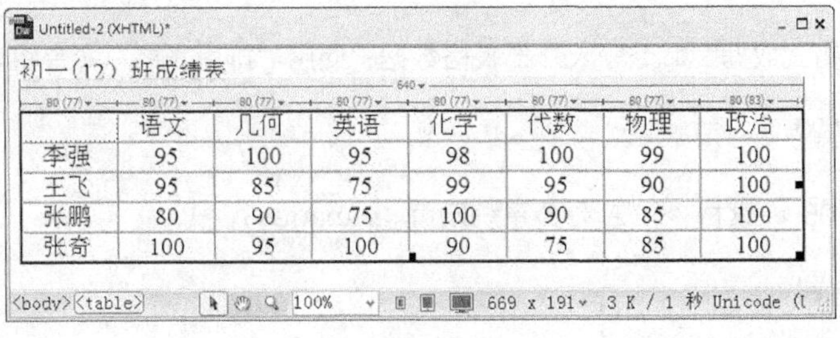

图 5-80

有合并单元格的表格不能使用"排序表格"命令。

5.3　复杂表格的排版

　　当一个表格无法对网页元素进行复杂的定位时，需要在表格的一个单元格中继续插入表格，这叫作表格的嵌套。单元格中的表格是内嵌入式表格，通过内嵌入式表格可以将一个单元格再分成许多行和列，而且可以无限地插入内嵌入式表格。但是内嵌入式表格越多，浏览时花费在下载页面的时间越长，因此内嵌入式的表格最多不超过 3 层。包含嵌套表格的网页如图 5-81 所示。

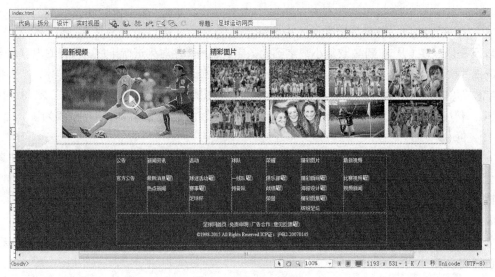

图 5-81

5.4　课堂练习——OA 办公系统网页

🔗　练习知识要点

　　使用"导入表格式数据"命令导入外部表格数据；使用"排序表格"命令将表格的数据排序。

◎　素材所在位置

　　云盘中的"Ch05 > 素材 > OA 办公系统网页 > images"。

◎　效果所在位置

　　云盘中的"Ch05 > 效果 > OA 办公系统网页 > index.html"，如图 5-82 所示。

图 5-82

5.5 课后习题——信用卡网页

习题知识要点

使用"表格"按钮插入表格效果；使用"图像"按钮插入图像；使用"CSS 样式"命令为单元格添加背景图像及控制文字大小、颜色。

素材所在位置

云盘中的"Ch05 > 素材 > 信用卡网页 > images"。

效果所在位置

云盘中的"Ch05 > 效果 > 信用卡网页 > index.html"，如图 5-83 所示。

图 5-83

06

第6章
使用框架

本章介绍

框架的出现大大地丰富了网页的布局手段以及页面之间的组织形式。浏览者通过框架可以很方便地操作及在不同的页面之间跳转，BBS 论坛页面以及网站中邮箱的操作页面等都是通过框架来实现的。

学习目标

- ✔ 掌握框架的创建和保存方法
- ✔ 掌握框架的拆分和删除的方法
- ✔ 掌握框架的属性设置方法
- ✔ 掌握框架超链接的创建方法

技能目标

- ✔ 掌握"牛奶饮品网页"的制作方法
- ✔ 掌握"建筑规划网页"的制作方法

6.1　框架与框架集

　　框架可以简单地理解为是对浏览器窗口进行划分后的子窗口。每一个子窗口是一个框架，它显示一个独立的网页文档内容，而这组框架结构被定义在名叫框架集的 HTML 网页中，如图 6-1 所示。

图 6-1

　　当一个页面被划分成几个框架时，系统会自动建立一个框架集文档，用来保存网页中所有框架的数量、大小、位置及每个框架内显示的网页名等信息。当用户打开框架集文档时，计算机就会根据其中的框架数量、大小、位置等信息将浏览器窗口划分成几个子窗口，每个窗口显示一个独立的网页文档内容。

　　总之，框架由框架和框架集两部分组成。框架集是定义一组框架结构的 HTML 文档；框架是网页窗口上定义的一块区域，可以根据需要在这个区域显示不同的网页内容。

6.1.1　课堂案例——牛奶饮品网页

案例学习目标

　　使用"新建"命令新建页面；使用"框架"命令创建框架；使用"页面属性"命令改变页面的边距。

案例知识要点

　　使用"对齐上缘"命令制作网页的布局效果；使用"图像"按钮插入图像，制作完整的框架网页效果。

效果所在位置

　　云盘中的"Ch06 > 效果 > 牛奶饮品网页 > index.html"，如图 6-2 所示。

图 6-2

扫码观看
本案例视频

扫码观看扩展案例

1．新建框架

（1）选择"文件 > 新建"命令，新建一个空白文档。选择"插入 > HTML > 框架 > 对齐上缘"命令，弹出"框架标签辅助功能属性"对话框，如图 6-3 所示。单击"确定"按钮插入框架，效果如图 6-4 所示。

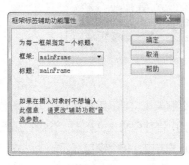

图 6-3

图 6-4

（2）选择"文件 > 保存全部"命令，弹出"另存为"对话框，在"保存在"选项的下拉列表中选择当前站点目录保存路径，整个框架边框会出现一个阴影框，阴影出现在整个框架集内侧，需要输入框架集的名称，在"文件名"选项的文本框中输入"index"，如图 6-5 所示。

（3）单击"保存"按钮，再次弹出"另存为"对话框，在"文件名"右侧的文本框中输入"bottom"，如图 6-6 所示。单击"保存"按钮保存框架。

图 6-5

图 6-6

（4）将光标置入顶部的框架，选择"文件 > 保存框架"命令，弹出"另存为"对话框，在"文件名"选项的文本框中输入"top"，如图 6-7 所示。单击"保存"按钮保存框架。

2. 插入图像

（1）将光标置入顶部框架，选择"修改 > 页面属性"命令，弹出"页面属性"对话框，在左侧的"分类"列表中选择"外观（CSS）"选项，将"左边距""右边距""上边距"和"下边距"选项均设为"0"，如图 6-8 所示。单击"确定"按钮完成页面属性的修改。

图6-7

（2）单击"插入"面板"常用"选项卡中的"图像"按钮，在弹出的"选择图像源文件"对话框中，选择云盘中的"Ch06 > 素材 > 牛奶饮品网页 > images"文件夹中的"pic01.jpg"文件，单击"确定"按钮完成图像的插入，效果如图 6-9 所示。

图6-8

图6-9

（3）将鼠标指针放置到框架上下边界线上，如图 6-10 所示。单击鼠标左键并向下拖曳到适当的位置，松开鼠标，效果如图 6-11 所示。

图6-10

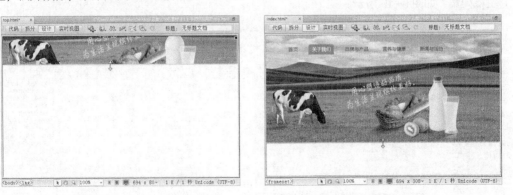

图6-11

（4）将光标置入底部框架，选择"修改 > 页面属性"命令，弹出"页面属性"对话框，在左侧的"分类"列表中选择"外观（CSS）"选项，将"左边距""右边距""上边距"和"下边距"选项均设为"0"，单击"确定"按钮完成页面属性的修改。

（5）单击"插入"面板"常用"选项卡中的"图像"按钮 ▣·，在弹出的"选择图像源文件"对话框中，选择云盘中的"Ch06 > 素材 > 牛奶饮品网页 > images"文件夹中的"img_02.jpg"文件，单击"确定"按钮完成图像的插入，效果如图 6-12 所示。

（6）保存文档，按 F12 键预览效果，如图 6-13 所示。

图 6-12　　　　　　　　　　　　　　　　　　图 6-13

6.1.2　建立框架集

在 Dreamweaver CS6 中，可以利用可视化工具方便地创建框架集。用户可以通过菜单命令实现该操作。

1. 通过"插入"命令建立框架集

（1）选择"文件 > 新建"命令，弹出"新建文档"对话框，按图 6-14 所示进行设置后，单击"创建"按钮，新建一个 HTML 文档。

（2）将光标放置在文档窗口中，选择"插入 > HTML > 框架"命令，在其子菜单中选择需要的预定义框架集，如图 6-15 所示。

图 6-14　　　　　　　　　　　　　　　　　　图 6-15

2. 通过拖曳自定义框架

（1）新建一个 HTML 文档。

（2）选择"查看 > 可视化助理 > 框架边框"命令，显示框架线，如图 6-16 所示。

（3）将鼠标指针放置到框架边框上，如图 6-17 所示。

（4）单击鼠标并向下拖曳到适当的位置，松开鼠标，效果如图 6-18 所示。

图 6-16

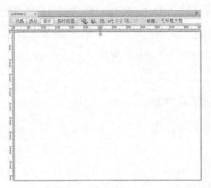

图 6-17

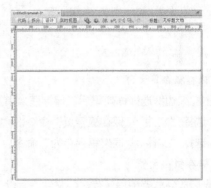

图 6-18

6.1.3 为框架添加内容

因为每一个框架都是一个 HTML 文档，所以可以在创建框架后直接编辑某个框架中的内容，也可在框架中打开已有的 HTML 文档，具体操作步骤如下。

（1）在文档窗口中，将光标放置在某一框架内。

（2）选择"文件 > 在框架中打开"命令，打开一个已有文档，如图 6-19 所示。

6.1.4 保存框架

图 6-19

初学者在保存文档时很容易糊涂，明明保存的是某个框架，但实际上保存成了框架集或其他框架。因此，在保存框架前，用户需要先选择"窗口 > 属性"命令和"窗口 > 框架"命令，打开"属性"面板和"框架"面板。然后，在"框架"面板中选择一个框架，在"属性"面板的"源文件"选项中查看此框架的文件名。用户查看框架的名称后，在保存文件时就可以根据"保存"对话框中的文件名信息知道保存的是框架集还是某框架了。

1. 保存框架集和全部框架

使用"保存全部"命令可以保存所有的文件，包括框架集和每个框架。选择"文件 > 保存全部"命令，先弹出的"另存为"对话框是用于保存框架集的，此时框架集边框显示选择线，如图 6-20 所示；再弹出的"另存为"对话框是用于保存每个框架的，此时文档窗口中的选择线也会自动转移到对应的框架上，据此可以知道正在保存的是哪个框架，如图 6-21 所示。

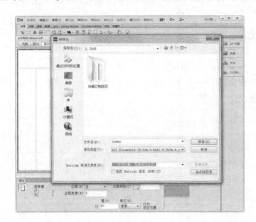 

图 6-20   图 6-21

2. 保存框架集文件

单击框架边框选择框架集后，保存框架集文件有以下几种方法。

- 选择"文件 > 保存框架页"命令。
- 选择"文件 > 框架集另存为"命令。

3. 保存框架文件

将光标放到框架中后保存框架文件，有以下几种方法。

- 选择"文件 > 保存框架"命令。
- 选择"文件 > 框架另存为"命令。

6.1.5 框架的选择

在对框架或框架集进行操作之前，必须先选择框架或框架集。

1. 选择框架

选择框架有以下几种方法。

- 在文档窗口中，按住 Alt+Shift 组合键不放，用鼠标左键单击欲选择的框架。
- 先选择"窗口 > 框架"命令，弹出"框架"面板。然后，在面板中用鼠标左键单击欲选择的框架，如图 6-22 所示。此时，文档窗口中相应框架的边框会出现虚线轮廓，如图 6-23 所示。

 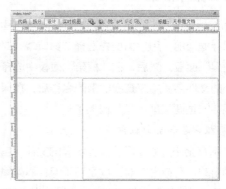

图 6-22   图 6-23

2. 选择框架集

选择框架集有以下几种方法。

- 在"框架"面板中单击框架集的边框,如图 6-24 所示。
- 在文档窗口中用鼠标左键单击框架的边框,如图 6-25 所示。

图 6-24

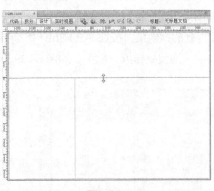

图 6-25

6.1.6 修改框架的大小

建立框架的目的就是将窗口分成大小不同的子窗口,在不同的窗口中显示不同的文档内容。调整框架的大小有以下几种方法。

- 在"设计"视图中,将鼠标指针放到框架边框上,当鼠标指针呈双向箭头时,按住鼠标左键拖曳鼠标改变框架的大小,如图 6-26 所示。
- 选中框架集,在"属性"面板中"行"或"列"选项的文本框中输入具体的数值,然后在"单位"选项的下拉列表中选择单位,如图 6-27 所示。

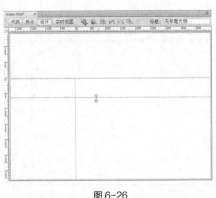

图 6-26

图 6-27

"属性"面板中,"单位"选项下拉列表中各选项的意义如下。

① "像素"选项:为默认选项,按照绝对的像素值设定框架的大小。

② "百分比"选项:按所选框架占整个框架集的百分比设定框架的大小,是相对尺寸,框架的大小会随浏览窗口的改变而改变。

③ "相对"选项:相对尺寸,框架的大小会随浏览器窗口的改变而改变。一般剩余空间按此方式分配。

6.1.7　拆分框架

拆分框架可以增加框架集中框架的数量，但实际上是在不断地增加框架集，即框架集嵌套。拆分框架有以下几种方法。

● 先将光标置于要拆分的框架中，然后选择"修改 > 框架集"命令，弹出其子菜单，其中有 4 种拆分方式，如图 6-28 所示。

● 选中要拆分的框架集，按往 Alt+Shift 组合键不放，将鼠标指针放到框架的边框上，当鼠标指针呈双向箭头时，拖曳鼠标拆分框架，如图 6-29 所示。

图 6-28

图 6-29

6.1.8　删除框架

将鼠标指针放在要删除的框架边框上，当鼠标指针变为双向箭头时，拖曳鼠标到框架相对应的外边框上即可删除，如图 6-30 和图 6-31 所示。

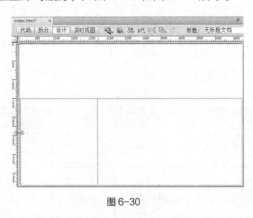

图 6-30

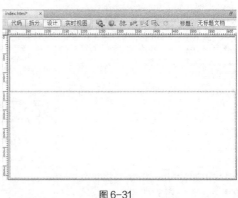

图 6-31

6.2　框架的属性设置

框架是框架集的组成部分，在框架集内，可以通过框架集的属性来设定框架间边框的颜色、宽度和框架大小等。还可通过框架的属性来设定框架内显示的文件、框架的内容是否滚动、框架在框架集内的缩放方式等。

6.2.1　课堂案例——建筑规划网页

案例学习目标

使用"新建"命令新建页面；使用"框架"命令创建框架；使用"页面属性"命令改变页面的边距。

案例知识要点

使用"左对齐"命令制作网页的结构图效果；使用"图像"按钮插入图像；使用"鼠标经过图像"按钮制作左侧导航条效果。

效果所在位置

云盘中的"Ch06 > 效果 > 建筑规划网页 > index.html"，如图 6-32 所示。

图 6-32

扫码观看
本案例视频

扫码观看扩展案例

1．设置保存文档

（1）选择"文件 > 新建"命令，新建一个空白页面。选择"插入 > HTML > 框架 > 左对齐"命令，弹出"框架标签辅助功能属性"对话框，如图 6-33 所示。单击"确定"按钮插入框架，效果如图 6-34 所示。

图 6-33

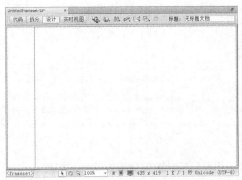

图 6-34

（2）选择"文件 > 保存全部"命令，弹出"另存为"对话框，整个框架集内侧边框会出现一个阴影框，在"保存在"选项下拉列表中选择当前站点目录保存路径，在"文件名"选项的文本框中输入"index"，设置框架集的名称，如图 6-35 所示。

（3）单击"保存"按钮，再次弹出"另存为"对话框，在"文件名"选项的文本框中输入"right"，如图 6-36 所示。单击"保存"按钮返回到编辑窗口。

图 6-35 　　　　　　　　　　　　　　　　　图 6-36

（4）将光标置入左侧框架，选择"文件 > 保存框架"命令，弹出"另存为"对话框，在"文件名"选项的文本框中输入"left"，设置左侧框架的名称，如图 6-37 所示。单击"保存"按钮，完成框架网页的保存。

（5）将光标置入左侧框架，选择"修改 > 页面属性"命令，弹出"页面属性"对话框，在左侧的"分类"列表中选择"外观（CSS）"选项，将"背景颜色"选项设为"洋红色（#ba255f）"，"左边距""右边距""上边距"和"下边距"选项均设为"0"，如图 6-38 所示。单击"确定"按钮，完成页面属性的修改。

图 6-37 　　　　　　　　　　　　　　　　　图 6-38

（6）将鼠标指针放到框架边框上，如图 6-39 所示，单击选中框架。在"属性"面板中，将"列"选项设为"200"，其他选项的设置如图 6-40 所示。

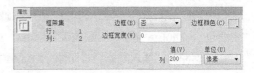

图 6-39 图 6-40

2. 插入表格、图像和鼠标经过图像

（1）将光标置入左侧框架，单击"插入"面板"常用"选项卡中的"表格"按钮 ，在弹出的"表格"对话框中进行设置，如图 6-41 所示。单击"确定"按钮，完成表格的插入。保持表格的选中状态，在"属性"面板"对齐"选项的下拉列表中选择"右对齐"选项，效果如图 6-42 所示。

图 6-41 图 6-42

（2）将光标置入第 1 行单元格，在"属性"面板中，将"高"选项设为"30"。将光标置入第 2 行单元格，单击"插入"面板"常用"选项卡中的"图像"按钮 ，在弹出的"选择图像源文件"对话框中，选择云盘中的"Ch06 > 素材 > 建筑规划网页 > images"文件夹中的"logo.jpg"文件，如图 6-43 所示。单击"确定"按钮，完成图像的插入，效果如图 6-44 所示。

图 6-43 图 6-44

（3）将光标置入第3行单元格，在"属性"面板中，将"高"选项设为"90"。将光标置入第4行单元格，单击"插入"面板"常用"选项卡中的"鼠标经过图像"按钮 📰·，弹出"插入鼠标经过图像"对话框，单击"原始图像"选项右侧的"浏览"按钮，在弹出"原始图像"对话框中，选择云盘中的"Ch06 > 素材 > 建筑规划网页 > images"文件夹中的"img_0.jpg"文件，如图6-45所示。单击"确定"按钮，返回到"插入鼠标经过图像"对话框中。

（4）单击"鼠标经过图像"选项右侧的"浏览"按钮，在弹出的"鼠标经过图像"对话框中，选择"资源包 > Ch06 > 素材 > 建筑规划网页 > images"文件夹中的"img_0a.jpg"文件，单击"确定"按钮，返回到"插入鼠标经过图像"对话框中，如图6-46所示。

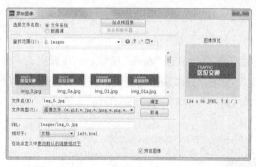

| 图6-45 | 图6-46 |

（5）单击"确定"按钮，文档窗口中的效果如图6-47所示。用相同的方法在其他单元格中插入鼠标经过图像，效果如图6-48所示。

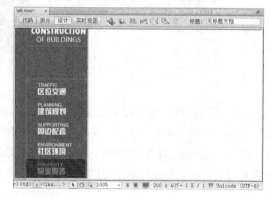

| 图6-47 | 图6-48 |

3. 修改页面属性并插入图像

（1）将光标置入右侧框架，选择"修改 > 页面属性"命令，弹出"页面属性"对话框，在左侧的"分类"列表中选择"外观（CSS）"选项，将"背景颜色"选项设为"洋红色（#ba255f）"，"左边距""右边距""上边距"和"下边距"选项均设为"0"，如图6-49所示。单击"确定"按钮，完成页面属性的修改，效果如图6-50所示。

（2）将光标置入右侧框架，单击"插入"面板"常用"选项卡中的"图像"按钮 🖼·，在弹出的"选择图像源文件"对话框中，选择云盘中的"Ch06 > 素材 > 建筑规划网页 > images"文件夹中的"pic.jpg"文件，如图6-51所示。单击"确定"按钮，完成图像的插入，效果如图6-52所示。

图 6-49

图 6-50

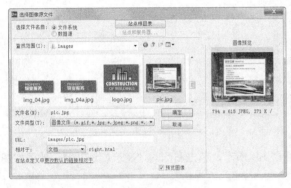

图 6-51

图 6-52

4. 创建图像超链接

（1）选中图 6-53 所示的图像，在"属性"面板中单击"链接"选项右侧的"浏览文件夹"按钮，弹出"选择文件"对话框。在弹出的对话框中，选择"资源包 > Ch06 > 素材 > 建筑规划网页 > right.html"文件，单击"确定"按钮，将页面链接到文本框中，在"目标"选项的下拉列表中选择"mainFrame"，如图 6-54 所示。

图 6-53

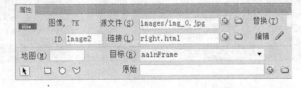

图 6-54

（2）选中图 6-55 所示的图像，在"属性"面板中单击"链接"选项右侧的"浏览文件夹"按钮，弹出"选择文件"对话框，在弹出的对话框中，选择云盘中的"Ch06 > 素材 > 建筑规划网页 > ziye.html"文件，单击"确定"按钮，将页面链接到文本框中。在"目标"选项的下拉列表中选择"mainFrame"，如图 6-56 所示。

（3）选择"窗口 > CSS 样式"命令，弹出"CSS 样式"面板，单击面板下方的"新建 CSS 规则"按钮，在弹出的"新建 CSS 规则"对话框中进行设置，如图 6-57 所示。单击"确定"按钮，在弹出的"img 的 CSS 规则定义"对话框中进行设置，如图 6-58 所示。单击"确定"按钮，完成样式的创建。

图 6-55

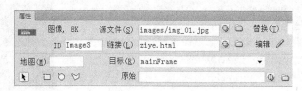

图 6-56

图 6-57

图 6-58

（4）保存文档，按 F12 键预览效果，如图 6-59 所示。单击右侧的"建筑规划"时，效果如图 6-60 所示。

图 6-59

图 6-60

6.2.2 框架属性

选中要查看属性的框架，选择"窗口 > 属性"命令，弹出"属性"面板，如图 6-61 所示。

图 6-61

框架"属性"面板中的各选项作用如下。

● "框架名称"选项。可以为框架命名。框架名称以字母开头，由字母、数字和下划线组成。利用此名称，用户可在设置链接时在"目标"选项中指定打开链接文件的框架。

● "源文件"选项。提示框架当前显示的网页文件的名称及路径。还可利用此选项右侧的"浏览文件"按钮 🗀 浏览并选择在框架中打开的网页文件。

● "边框"选项。设置框架内是否显示边框。为框架设置"边框"选项将重写框架集的边框设置。大多数浏览器默认为显示边框，但当父框架集的"边框"选项设置为"否"且共享该边框的框架都将"边框"选项设置为"默认值"时，或共享该边框的所有框架都将"边框"选项设置为"否"时，边框会被隐藏。

● "滚动"选项。设置框架内是否显示滚动条，一般设为"默认"。大多数浏览器将"滚动"选项设为"自动"，即只有在浏览器窗口没有足够的空间显示内容时才显示滚动条。

● "不能调整大小"选项。设置用户是否可以在浏览器窗口中通过拖曳鼠标手动修改框架的大小。

● "边框颜色"选项。设置框架边框的颜色。此颜色应用于与框架接触的所有边框，并重写框架集的颜色设置。

● "边界宽度""边界高度"选项。以像素为单位设置框架内容和框架边界间的距离。

6.2.3 框架集的属性

选择要查看属性的框架集，然后选择"窗口 > 属性"命令，打开"属性"面板，如图 6-62 所示。

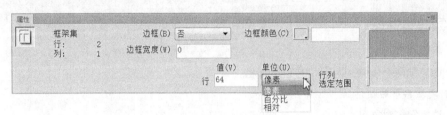

图 6-62

框架集"属性"面板中的各选项作用如下。

● "边框"选项。设置框架集中是否显示边框。若显示边框则设置为"是"，若不显示边框则设置为"否"，若允许浏览器确定是否显示边框则设置为"默认"。

● "边框颜色"选项。设置框架集中所有边框的颜色。

● "边框宽度"选项。设置框架集中所有边框的宽度。

● "行"或"列"选项。设置选中框架集的各行或各列的框架大小。

● "单位"选项。设置"行"或"列"选项的设定值是相对的还是绝对的。它包括以下几个选项值。

① "像素"选项。将"行"或"列"选项设定为以像素为单位的绝对值。对于大小始终保持不变的框架而言，此选项值为最佳选择。

② "百分比"选项。设置行或列相对于其框架集的总宽度和总高度的百分比。

③ "相对"选项。在为"像素"和"百分比"分配框架空间后，为选中的行或列分配其余可用空间，此分配是按比例划分的。

6.2.4　框架中的链接

设定框架的目的是将窗口分成固定的几部分，在网页窗口的固定位置显示固定的内容，如在窗口的顶部显示站点 logo、导航栏等。使用框架中的链接，可以在窗口的其他固定位置显示不同的网页内容。

1. 给每一个框架定义名称

在框架中打开链接文档时，需要通过框架名称来指定文档在浏览器窗口中显示的位置。当建立框架时，系统会给每个框架一个默认名称。用户不一定非常明白名称与框架的对应关系，因此可以给每个框架自定义名称，以便明确框架名称代表的浏览器窗口的相应位置。具体操作步骤如下。

（1）选择"窗口 > 框架"命令，弹出"框架"面板，单击要命名的框架边框选择该框架，如图 6-63 所示。

（2）选择"窗口 > 属性"命令，弹出"属性"面板，在"框架名称"文本框中输入框架的新名称，如图 6-64 所示。

图 6-63

图 6-64

（3）重复前两个步骤，为不同的框架命名。

2. 创建框架中的链接

（1）选择链接对象。

（2）选择"窗口 > 属性"命令，弹出"属性"面板。利用"链接"和"目标"选项，设定链接文件和文件打开的窗口位置，如图 6-65 所示。

图 6-65

- "链接"选项：用于指定链接的源文件。
- "目标"选项：用于指定链接文件打开的窗口或框架窗口。它包括"_blank""_parent""_self""_top"和具体的框架名称等选项。各选项作用如下。

① "_blank"选项。表示在新的浏览器窗口中打开链接网页。

② "_parent"选项。表示在父级框架窗口中或包含该链接的框架窗口中打开链接网页。一般使用框架时才选用此选项。

③ "_self"选项。这是默认选项，表示在当前窗口或框架窗口中打开链接网页。

④ "_top"选项。表示在整个浏览器窗口中打开链接网页，并删除所有框架。一般使用多级框架时才选用此选项。

⑤ 具体的框架名称选项。用于指定打开链接网页的具体的框架窗口，一般在包含框架的网页中才会出现此选项。

6.2.5 改变框架的背景颜色

通过"页面属性"对话框设置背景颜色的具体操作步骤如下。

（1）将光标放置在框架中。

（2）选择"修改 > 页面属性"命令，弹出"页面属性"对话框，单击"背景颜色"按钮▢，在弹出式颜色选择器中选择一种颜色，如图 6-66 所示。单击"确定"按钮完成设置。

图 6-66

6.3 课堂练习——阳光外语小学网页 1

🔗 练习知识要点

使用"对齐上缘"命令制作网页的结构图效果；使用"属性"面板改变框架的大小；使用"图像"按钮插入图像制作完整的框架网页效果。

◎ 素材所在位置

云盘中的"Ch06 > 素材 > 阳光外语小学网页 > images"。

效果所在位置

云盘中的"Ch06 > 效果 > 阳光外语小学网页 > index.html"，如图 6-67 所示。

图 6-67

6.4　课后习题——阳光外语小学网页 2

习题知识要点

使用"上方及左侧嵌套"命令制作网页的结构图效果；使用"矩形热点"工具设置链接效果；使用"目标"选项指定页面的显示区域。

素材所在位置

云盘中的"Ch06 > 素材 > 阳光外语小学网页 2 > images"。

效果所在位置

云盘中的"Ch06 > 效果 > 阳光外语小学网页 2 > index.html"，如图 6-68 所示。

图 6-68

07

第 7 章
使用层

本章介绍

如果用户想在网页上实现多个元素重叠的效果，可以使用层。层是网页中的一个区域，并且游离在文档之上。利用层可精确定位和重叠网页元素。设置不同层的显示或隐藏，还可实现特殊的效果。因此，在掌握层技术之后，就可以在网页制作中拥有强大的页面控制能力。

学习目标

- 掌握层的创建方法
- 掌握层的选择、堆叠顺序和可见性的应用
- 掌握层的大小、移动层和对齐层的应用
- 掌握将 AP Div 转换为表格或将表格转换为 AP Div 的方法

技能目标

- 掌握"时尚前沿网页"的制作方法
- 掌握"海贷金融网页"的制作方法

7.1 层的基本操作

层作为网页的容器元素，其中不仅可放置图像，还可以放置文字、表单、插件、层等网页元素。在 CSS 层中，用 DIV、SPAN 标记标识层；在 NETSCAPE 层中，用 LAYER 标记标识层。虽然层有强大的页面控制功能，但操作却很简单。

7.1.1 课堂案例——时尚前沿网页

案例学习目标

使用"插入"面板布局选项卡中的按钮绘制层；使用"AP 元素"面板选择层；使用"属性"面板设置层的背景颜色。

案例知识要点

使用"绘制 AP Div"按钮绘制层；使用"图像"按钮在绘制的图层中插入图像；使用"CSS 样式"命令设置背景图像。

效果所在位置

云盘中的"Ch07 > 效果 > 时尚前沿网页 > index.html"，如图 7-1 所示。

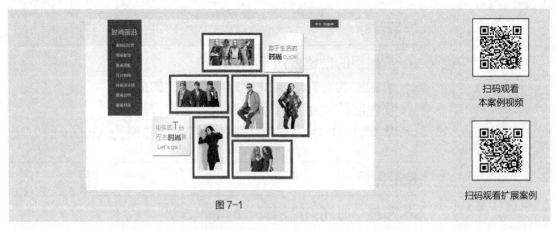

扫码观看
本案例视频

扫码观看扩展案例

图 7-1

（1）启动 Dreamweaver CS6，新建一个空白文档。选择"文件 > 保存"命令，弹出"另存为"对话框，在"保存在"选项的下拉列表中选择站点目录保存路径，在"文件名"选项的文本框中输入"index"，单击"保存"按钮，返回编辑窗口。

（2）选择"修改 > 页面属性"命令，弹出"页面属性"对话框。在左侧的"分类"列表中选择"外观（CSS）"选项，将右侧的"左边距""右边距""上边距"和"下边距"选项均设为"0"，如图 7-2 所示。

（3）在左侧的"分类"列表中选择"标题/编码"选项，在右侧的"标题"选项的文本框中输入

"时尚前沿网页",如图 7-3 所示。单击"确定"按钮,完成页面属性的修改。

图 7-2

图 7-3

(4)选择"窗口 > CSS 样式"命令,弹出"CSS 样式"面板,在面板中双击"body"样式,弹出"body 的 CSS 规则定义"对话框,如图 7-4 所示。在左侧的"分类"列表中选择"背景"选项,单击"Background- image"选项右侧的"浏览"按钮,在弹出的"选择图像源文件"对话框中,选择云盘中的"Ch07 > 素材 > 时尚前沿网页 > images"文件夹中的"img_01.png"文件,如图 7-5 所示。单击"确定"按钮,返回"body 的 CSS 规则定义"对话框,其他选项的设置如图 7-6 所示。单击"确定"按钮,完成样式的修改,效果如图 7-7 所示。

图 7-4

图 7-5

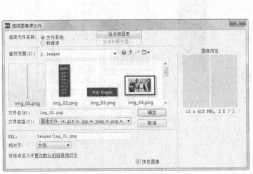

图 7-6

图 7-7

（5）单击"插入"面板"布局"选项卡中的"绘制 AP Div"按钮，在文档窗口中拖动鼠标绘制出一个矩形层，如图 7-8 所示。按住 Ctrl 键的同时，绘制多个层，效果如图 7-9 所示。

图 7-8

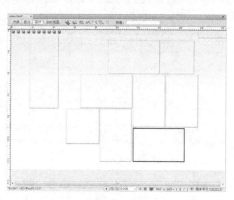

图 7-9

（6）将光标置入第一个层中，单击"插入"面板"常用"选项卡中的"图像"按钮，弹出"选择图像源文件"对话框，选择云盘中的"Ch07 > 素材 > 时尚前沿网页 > images"文件夹中的"img_02.png"文件。单击"确定"按钮，完成图片的插入，效果如图 7-10 所示。

（7）使用相同的方法在其他层中插入图像，效果如图 7-11 所示。

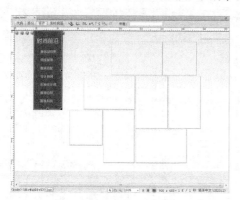

图 7-10

图 7-11

（8）保存文档，按 F12 键预览效果，如图 7-12 所示。

7.1.2 创建层

1. 创建层的方法

若想利用层来定位网页元素，先要创建层，再根据需要在层内插入其他表单元素。有时为了布局，还可以显示或隐藏层边框。

创建层有以下几种方法。

● 单击"插入"面板"布局"选项卡中的"绘制
AP Div"按钮。此时，在文档窗口中，鼠标指针呈"+"形。按住鼠标左键拖曳，画出一个矩形层，

图 7-12

如图 7-13 所示。

● 将"插入"面板"布局"选项卡中的"绘制 AP Div"按钮 拖曳到文档窗口中,松开鼠标。此时,文档窗口中出现一个矩形层,如图 7-14 所示。

● 将光标放置到文档窗口中要插入层的位置,选择"插入 > 布局对象 > AP Div"命令,在光标的位置插入新的矩形层。

● 单击"插入"面板"布局"选项卡中的"绘制 AP Div"按钮 。此时,在文档窗口中鼠标指针呈"+"形。按住 Ctrl 键的同时,单击鼠标并拖曳,画出一个矩形层。只要不松开 Ctrl 键,就可以继续绘制新的层,如图 7-15 所示。

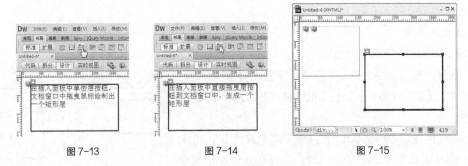

图 7-13　　　　　　　　图 7-14　　　　　　　　图 7-15

在默认情况下,每当用户创建一个新的层,程序都会使用 DIV 标记它,并将层标记显示到网页左上角的位置,如图 7-15 所示。

若要显示层标记,首先选择"查看 > 可视化助理 > 不可见元素"命令,使"不可见元素"命令呈选中状态,如图 7-16 所示。然后再选择"编辑 > 首选参数"命令,弹出"首选参数"对话框,选择"分类"列表中的"不可见元素"选项,勾选右侧的"AP 元素的锚点"复选框,如图 7-17 所示。单击"确定"按钮完成设置。这时网页的左上角将显示出层标记。

图 7-16　　　　　　　　　　　　　　　　图 7-17

2. 显示或隐藏层边框

若要显示或隐藏层边框,可选择"查看 > 可视化助理 > 隐藏所有"命令。

7.1.3 选择层

1. 选择一个层

（1）利用层面板选择一个层。选择"窗口 > AP 元素"命令，弹出"AP元素"面板，如图 7-18 所示。在"AP 元素"面板中单击该层的名称。

（2）在文档窗口中选择一个层，有以下几种方法。

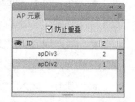

图 7-18

- 单击一个层的边框。
- 按 Ctrl+Shift 组合键的同时，在要选择的层内部单击。
- 单击一个选择层的选择柄□。如果选择柄□不可见，则可以在该层中的任意位置单击以显示该选择柄。

2. 选定多个层

选定多个层有以下两种方法。

- 选择"窗口 > AP 元素"命令，弹出"AP 元素"面板。在"AP 元素"面板中，按住 Shift 键并单击两个或更多的层名称。

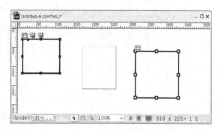

图 7-19

- 在文档窗口中按住 Shift 键并单击两个或更多个层的边框内（或边框上）。当选定多个层时，当前层的大小调整柄将以蓝色突出显示，其他层的大小调整柄则以白色显示，如图 7-19 所示，并且只能对当前层进行操作。

7.1.4 设置层的默认属性

当层插入后，其属性为默认值。如果想查看或修改层的属性，可以选择"编辑 > 首选参数"命令，弹出"首选参数"对话框，在"分类"列表中选择"AP 元素"选项，此时，可查看或修改层的默认属性，如图 7-20 所示。

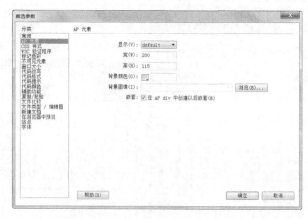

图 7-20

- "显示"选项用于设置层的初始显示状态。此选项的下拉列表中包含以下几个选项。

① "default"选项。默认值，一般情况下，大多数浏览器都会默认为"inherit"。

② "inherit"选项。继承父级层的显示属性。

③ "visible" 选项。表示不管父级层是什么都显示层的内容。

④ "hidden" 选项。表示不管父级层是什么都隐藏层的内容。

● "宽"和"高"选项。定义层的默认大小。

● "背景颜色"选项。设置层的默认背景颜色。

● "背景图像"选项。设置层的默认背景图像。单击右侧的"浏览"按钮选择背景图像文件。

● "嵌套"选项。设置在层出现重叠时，是否采用嵌套方式。

7.1.5　AP 元素面板

"AP 元素"面板可以管理网页文档中的层。选择"窗口 > AP 元素"命令，弹出"AP 元素"面板，如图 7-21 所示。

使用"AP 元素"面板可以防止层重叠、更改层的可见性、将层嵌套或层叠，以及选择一个或多个层。

图 7-21

7.1.6　更改层的堆叠顺序

在排版时，网页设计者常需要控制叠放在一起的不同网页元素的显示顺序，以实现特殊的效果，这可通过修改选定层的"Z 轴"属性值实现。

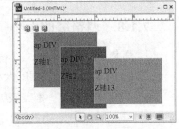

层的显示顺序与 Z 轴值的顺序一致。值越大，层的位置越靠前。在"AP 元素"面板中按照堆叠顺序排列层的名称，如图 7-22 所示。

在"属性"面板中更改层的堆叠顺序的具体步骤如下。

（1）选择"窗口 > AP 元素"命令，弹出"AP 元素"面板。

图 7-22

（2）在"AP 元素"面板或文档窗口中选择一个层。

（3）在"属性"面板的"Z 轴"选项中输入一个更高或更低的编号，使当前层沿着堆叠顺序向上或向下移动，效果如图 7-23 所示。

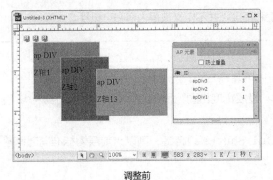
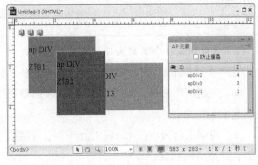

调整前　　　　　　　　　　　　　　　　　调整后

图 7-23

7.1.7　更改层的可见性

当处理文档时，可以使用"AP 元素"面板手动设置显示或隐藏层，以便查看层在不同条件下的显示方式。更改层的可见性，有以下几种方法。

1. 使用"AP 元素"面板更改层的可见性

选择"窗口 > AP 元素"命令，弹出"AP 元素"面板。单击层的眼形图标 ，可以更改其可见性，如图 7-24 所示。眼睛睁开表示该层是可见的，眼睛闭合表示该层是不可见的。如果没有眼形图标，该层通常会继承其父级的可见性。如果层没有嵌套，父级就是文档正文，而文档正文始终是可见的，因此层默认是可见的。

图 7-24

2. 使用"属性"面板更改层的可见性

选择一个或多个层，然后修改"属性"面板中的"可见性"选项。当选择"visible"选项时，则无论父级层如何设置都显示层的内容；当选择"hidden"选项时，则无论父级层如何设置都隐藏层的内容；当选择"inherit"选项时，则继承父级层的显示属性，若父级层可见则显示该层，若父级层不可见则隐藏该层。

 当前选定层总是可见的，它在被选定时会出现在其他层的前面。

7.1.8 调整层的大小

1. 调整单个层的大小

选中一个层后，调整层的大小有以下几种方法。

● 应用鼠标拖曳。拖曳该层边框上的任一调整柄到合适的位置。

● 应用键盘。同时按键盘上的方向键和 Ctrl 键可调整一个像素的大小。

● 应用网格靠齐。同时按键盘上的方向键和 Shift+Ctrl 组合键可按网格靠齐增量来调整大小。

● 修改属性值。在"属性"面板中，修改"宽"选项和"高"选项的数值。

 调整层的大小只会更改该层的宽度和高度，并不定义该层内容和可见性。

2. 同时调整多个层的大小

选中多个层后，要同时调整多个层的大小，有以下几种方法。

● 应用菜单命令。选择"修改 > 排列顺序 > 设成宽度相同"命令或"修改 > 排列顺序 > 设成高度相同"命令。

● 应用组合键。按 Ctrl+Shift+7 组合键或 Ctrl+Shift+9 组合键，则以当前层为标准同时调整多个层的宽度或高度。

 以当前层为基准调整多个层，如图 7-25 所示。

● 修改属性值。选择多个层，然后在"属性"面板中修改"宽"文本框和"高"文本框的数值。

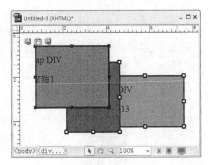 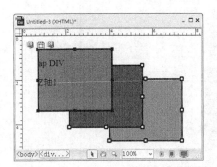

图 7-25

7.1.9 移动层

移动一个或多个选定层有以下几种方法。

1. 拖曳选择柄来移动层

先在"设计"视图中选中一个或多个层，然后拖曳当前层（蓝色突出显示）的选择柄 ，以移动选定层的位置，如图 7-26 所示。

2. 移动一个像素来移动层

先在"设计"视图中选中一个或多个层，然后按住 Shift 键的同时按方向键，则按当前网格靠齐增量来移动选定层的位置。

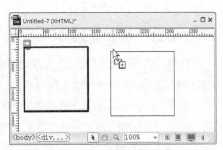

图 7-26

 如果已勾选"AP 元素"面板中的"防止重叠"选项，那么在移动层时将无法使层相互重叠。

7.1.10 对齐层

使用层对齐命令可以以当前层的边框为基准对齐一个或多个层。当对选定层进行对齐时，未选中的子层可能会因为其父层被选中并移动而随之移动。为了避免这种情况，不要使用嵌套层。对齐两个或更多个层有以下几种方法。

1. 应用菜单命令对齐层

在文档窗口中选中多个层，然后选择"修改 > 排列顺序"命令，在其子菜单中选择一个对齐选项。如选择"左对齐"选项，则所有层都会按当前层进行左对齐，如图 7-27 所示。

对齐以当前层（蓝色突出显示）为基准。

2. 应用"属性"面板对齐层

在文档窗口中选中多个层，然后在"属性"面板的"上"选项中输入具体数值，则以多个层的左边线相对于页面左侧的位置来对齐，如图 7-28 所示。

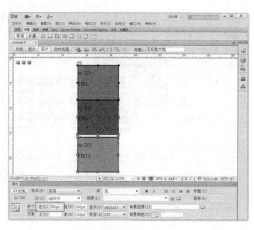

图 7-27   图 7-28

7.1.11　层靠齐到网格

在移动网页元素时可以让其自动靠齐到网格，还可以指定网格设置来更改网格或控制靠齐行为。无论网格是否可见，都可以使用靠齐。

应用 Dreamweaver CS6 中的靠齐功能，可以使层与网格之间的关系如铁块与磁铁之间的关系一般。另外，层与网格线之间靠齐的距离是可以设定的。

1. 层靠齐到网格

选择"查看 > 网格设置 > 靠齐到网格"命令，选择一个层并拖曳它。当拖曳层靠近网格线一定距离时，该层会自动跳到最近的靠齐位置，如图 7-29 所示。

2. 更改网格设置

选择"查看 > 网格设置 > 网格设置"命令，弹出"网格设置"对话框，如图 7-30 所示。根据需要完成设置后，单击"确定"按钮。

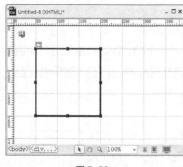

图 7-29   图 7-30

"网格设置"对话框中各选项的作用如下。

- "颜色"选项。设置网格线的颜色。
- "显示网格"选项。使网格在文档窗口的"设计"视图中可见。
- "靠齐到网格"选项。使页面元素靠齐到网格线。
- "间隔"选项。设置网格线的间距。
- "显示"选项组。设置网格线是显示为线条还是显示为点。

7.2 应用层设计表格

有时为了实现较复杂的效果，需要将早期使用表格布局的网页转换成层；有时又需要将层布局网页转换为表格，以在早期不支持层布局网页显示的浏览器中显示。因而下面将讲解层与表格之间的转换方法。

7.2.1 课堂案例——海贷金融网页

案例学习目标

使用"将表格转换为 AP Div"命令将表格转换为层；移动层，重新排列页面元素，使页面变得美观。

案例知识要点

使用"将表格转换为 AP Div"命令将表格转换为层。

效果所在位置

云盘中的"Ch07 > 效果 > 海贷金融网页 > index.html"，如图 7-31 所示。

图 7-31

扫码观看
本案例视频

扫码观看扩展案例

（1）选择"文件 > 打开"命令，在弹出的"打开"对话框中，选择云盘中的"Ch07 > 海贷金融网页 > index.html"文件，单击"打开"按钮打开文件，如图 7-32 所示。

（2）选择"修改 > 转换 > 将表格转换为 AP Div"命令，弹出"将表格转换为 AP Div"对话框，在弹出的对话框中进行设置，如图 7-33 所示。

（3）单击"确定"按钮，表格转换为层，效果如图 7-34 所示。保存文档，按 F12 键预览效果，如图 7-35 所示。

图 7-32

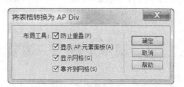

图 7-33

图 7-34

图 7-35

7.2.2 将 AP Div 转换为表格

1. 将 AP Div 转换为表格的方法

如果需要在较早的浏览器中查看页面，那么就需要将 AP Div 转换为表格。要将 AP Div 转换为表格，选择"修改 > 转换 > 将 AP Div 转换为表格"命令，弹出"将 AP Div 转换为表格"对话框，如图 7-36 所示。根据需要完成设置后，单击"确定"按钮。

"将 AP Div 转换为表格"对话框中各选项的作用如下。

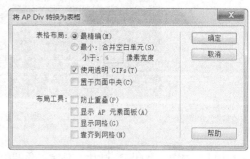

图 7-36

● "表格布局"选项组。

① "最精确"选项。为每个层创建一个单元格，并附加保留层之间的空间所必需的任何单元格。

② "最小"选项。折叠空白单元格设置。如果层定位在设置的像素内，则层的边缘应对齐。如果选择此选项，结果表格将包含较少的空行和空列，但可能不能与页面布局精确匹配。

③ "使用透明 GIFs"选项。用透明的 GIF 填充表的最后一行，这将确保该表在所有浏览器中以相同的列宽显示。但当勾选此选项后，则不能通过拖曳表列来编辑结果表格。当禁用此选项后，结果

表格将不包含透明 GIF，但在不同的浏览器中可能会出现不同的列宽。

④ "置于页面中央"选项。将结果表格放置在页面的中央。如果禁用此选项，表格将与页面的左边缘对齐。

● "布局工具"选项组。

① "防止重叠"选项。Dreamweaver CS6 无法从重叠层创建表格，所以一般会勾选此复选框，防止层重叠。

② "显示 AP 元素面板"选项。设置是否显示层属性面板。

③ "显示网格"选项。设置是否显示辅助定位的网格。

④ "靠齐到网格"选项。设置是否启用"靠齐到网格"功能。

2. 防止层重叠

因为表单元格不能重叠，所以 Dreamweaver CS6 无法从重叠层创建表格。如果要将一个文档中的层转换为表格以兼容 IE 3.0 浏览器，则要勾选"防止重叠"选项来约束层的移动和定位，使层不会重叠。防止层重叠有以下几种方法。

● 勾选 "AP 元素"面板中的"防止重叠"复选框，如图 7-37 所示。

● 选择"修改 > 排列顺序 > 防止 AP 元素重叠"命令，如图 7-38 所示。

图 7-37

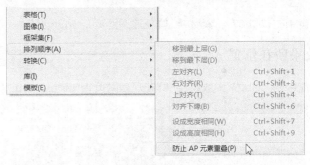

图 7-38

勾选"防止重叠"选项后，Dreamweaver CS6 不会自动修正页面上现有的重叠层，需要在"设计"视图中手动拖曳各重叠层，以使其分离。需要注意，即使勾选了"防止重叠"选项，有某些操作也会导致层重叠。例如，使用"插入"菜单插入一个层，在属性检查器中输入数字，或者通过编辑 HTML 源代码来重定位层，这些操作都会导致层重叠。此时，需要在"设计"视图中手动拖曳各重叠层，以使其分离。

7.2.3 将表格转换为 AP Div

要将表格转换为 AP Div，选择"修改 > 转换 > 将表格转换为 AP Div"命令，弹出"将表格转换为 AP Div"对话框，如图 7-39 所示。根据需要完成设置后，单击"确定"按钮。

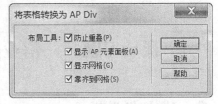

图 7-39

"将表格转换为 AP Div"对话框中各选项的作用如下。

● "防止重叠"选项。用于防止 AP 元素重叠。

● "显示 AP 元素面板"选项。设置是否显示"AP 元素"面板。

- "显示网格"选项。设置是否显示辅助定位的网格。
- "靠齐到网格"选项。设置是否启用"靠齐到网格"功能。

一般情况下，空白单元格不会转换为 AP Div，但具有背景颜色的空白单元格除外。将表格转换为 AP Div 时，位于表格外的页面元素也会被放入层中。

 知识提示 不能转换单个表格或层，只能将整个网页的层转换为表格或将整个网页的表格转换为层。

7.3 课堂练习——鲜花速递网页

练习知识要点

使用"层"和"属性"面板制作阴影文字效果。

素材所在位置

云盘中的"Ch07 > 素材 > 鲜花速递网页 > images"。

效果所在位置

云盘中的"Ch07 > 效果 > 鲜花速递网页 > index.html"，如图 7-40 所示。

扫码观看
本案例视频

图 7-40

7.4 课后习题——信业融资网页

习题知识要点

使用"将表格转换为 AP Div"命令将表格转换为层。

素材所在位置

素材所在位置

云盘中的"Ch07 > 素材 > 信业融资网页 > images"。

效果所在位置

云盘中的"Ch07 > 效果 > 信业融资网页 > index.html",如图 7-41 所示。

扫码观看
本案例视频

图 7-41

08

第 8 章
CSS 样式

本章介绍

层叠样式表（CSS）是 W3C 组织新近批准的一个辅助 HTML 设计的新特性语言，能保持整个 HTML 的外观统一。层叠样式表功能强大、操作灵活，用它改变一个文件就可以改变数百个文件的外观，而且个性化的表现更能吸引访问者。

学习目标

✓ 掌握 CSS 样式的概念
✓ 掌握 CSS 样式面板的使用方法
✓ 掌握 CSS 样式选择器的应用
✓ 掌握样式的类型和创建方法
✓ 掌握 CSS 样式的属性

技能目标

✓ 掌握"山地车网页"的制作方法
✓ 掌握"汽车配件网页"的制作方法

8.1　CSS 样式的概念

CSS 是 Cascading Style Sheet 的缩写，一般译为 "层叠样式表" 或 "级联样式表"。层叠样式表是对 HTML3.2 之前版本语法的变革，将某些 HTML 标签的属性简化。如要将一段文字的大小变成 36 像素，在 HTML3.2 中要写成 "\<p\>\<font-size="36"\>文字的大小\</font\>\</p\>"，标签的层层嵌套使 HTML 程序臃肿不堪；而用层叠样式表可简化 HTML 标签的属性，写成 "\<p style="font-size:36px"\>文字的大小\</p\>" 即可。

层叠样式表是 HTML 的一部分，它将对象引入 HTML 中，可以通过脚本程序调用和改变对象的属性，从而产生动态效果。例如，要实现鼠标指针放到文字上时文字的字号变大，用层叠样式表写成 "\<p onMouseOver="className='aa'"\>动态文字\</p\>" 即可。

8.2　CSS 样式

CSS 是一种能够真正做到网页表现与内容分离的样式设计语言。相对于传统 HTML 的表现而言，CSS 能够对网页中对象的位置排版进行像素级的精确控制，支持几乎所有的字体字号样式，拥有对网页对象和模型样式进行编辑的能力，并能够进行初步交互设计，是目前基于文本展示最优秀的表现设计语言。

8.2.1　"CSS 样式" 面板

使用 "CSS 样式" 面板可以创建、编辑和删除 CSS 样式，并且可以将外部样式表附加到文档中。

1. 打开 "CSS 样式" 面板

打开 "CSS 样式" 面板有以下两种方法。

- 选择 "窗口 > CSS 样式" 命令。
- 按 Shift+F11 组合键。

"CSS 样式" 面板如图 8-1 所示，它由样式列表和底部的按钮组成。样式列表用于查看与当前文档相关联的样式定义以及样式的层次结构。"CSS 样式" 面板可以显示自定义 CSS 样式、重定义的 HTML 标签和 CSS 选择器样式的样式定义。

"CSS 样式" 面板底部共有 5 个快捷按钮，它们分别为 "附加样式表" 按钮、"新建 CSS 规则" 按钮、"编辑样式" 按钮、"禁用/启用 CSS 属性" 按钮、"删除 CSS 规则" 按钮。它们的含义如下。

图 8-1

- "附加样式表" 按钮。用于将创建的任何样式表附加到页面或复制到站点中。

- "新建 CSS 规则" 按钮。用于创建自定义 CSS 样式、重定义的 HTML 标签和 CSS 选择器样式。

- "编辑样式" 按钮。用于编辑当前文档或外部样式表中的任何样式。

- "禁用/启用 CSS 属性"按钮 ⊘。用于禁用或启用"CSS 样式"面板中所选的属性。
- "删除 CSS 规则"按钮 🗑。用于删除"CSS 样式"面板中所选的样式，并从应用该样式的所有元素中删除该样式。

2. 样式表的功能

层叠样式表是 HTML 格式的代码，浏览器处理起来速度比较快。另外，Dreamweaver CS6 提供功能复杂、使用方便的层叠样式表，方便网站设计师制作个性化网页。样式表的功能归纳如下。

- 灵活地控制网页中文字的字体、颜色、大小、位置和间距等。
- 方便地为网页中的元素设置不同的背景颜色和背景图片。
- 精确地控制网页各元素的位置。
- 为文字或图片设置滤镜效果。
- 与脚本语言结合制作动态效果。

8.2.2　CSS 样式的类型

层叠样式表是一系列格式规则，它们控制网页各元素的定位和外观，实现 HTML 无法实现的效果。在 Dreamweaver CS6 中可以运用的样式分为重定义 HTML 标签样式、CSS 选择器样式、自定义样式 3 类。

1. 重定义 HTML 标签样式

重定义 HTML 标签样式是对某一 HTML 标签的默认格式进行重定义，从而使网页中的所有该标签的样式都自动跟着变化。例如，我们重新定义图片的框线为绿色（#0C3）虚线，则页面中所有图片的边框线都会自动变为绿色虚线。原来图片的效果如图 8-2 所示，重定义 img 标签后的效果如图 8-3 所示。

图 8-2　　　　　　　　　　　　　　　　　图 8-3

2. CSS 选择器样式

使用 CSS 选择器可对用 ID 属性定义的特定标签应用样式。一般网页中某些特定的网页元素可使用 CSS 选择器定义样式。例如设置图片的边框色为红色（#F00）双线，如图 8-4 所示。

3. 自定义样式

先定义一个样式，然后选择不同的网页元素应用此样式。一般情况下，自定义样式可与脚本程序配合改变对象的属性，从而产生动态效果。例如将多个表格的标题行的背景色均设置为淡蓝色（#A2E0FF），如图 8-5 所示。

图 8-4

图 8-5

8.3 样式的类型与创建

样式表是一系列格式规则，必须先定义这些规则，然后再将它们应用于相应的网页元素中。下面按照 CSS 的类型来创建和应用样式。

8.3.1 创建重定义 HTML 标签样式

当重新定义某 HTML 标签默认格式后，网页中的该 HTML 标签元素都会自动变化。因此，当需要修改网页中某 HTML 标签的所有样式时，只需重新定义该 HTML 标签样式即可。

1. 打开"新建 CSS 规则"对话框

首先打开图 8-6 所示的"新建 CSS 规则"对话框，可以用以下几种方法。

打开"CSS 样式"面板，单击面板右下方区域中的"新建 CSS 规则"按钮 。

● 在"设计"视图状态下，在文档窗口中单击鼠标右键，在弹出的菜单中选择"CSS 样式 >新建"命令，如图 8-7 所示。

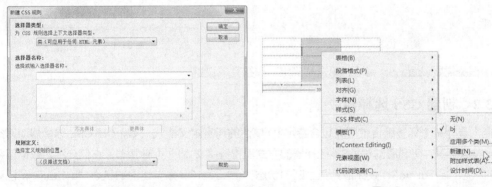

图 8-6   图 8-7

● 单击"CSS 样式"面板右上方的菜单按钮 ，在弹出的菜单中选择"新建"命令，如图 8-8 所示。

● 选择"格式 > CSS 样式 > 新建"命令。

● 在"CSS 样式"面板中单击鼠标右键，在弹出的菜单中选择"新建"命令，如图 8-9 所示。

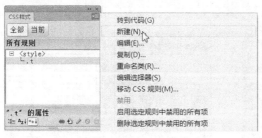

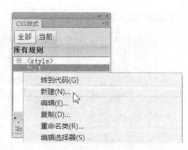

图 8-8   图 8-9

2. 重新定义 HTML 标签样式

（1）在文档中定位光标，打开"新建 CSS 规则"对话框。

（2）先在"选择器类型"下拉列表中选择"标签（重新定义 HTML 元素）"选项；然后在"选择器名称"选项的下拉列表中选择要更改的 HTML 标签，如图 8-10 所示；最后在"规则定义"下拉列表中选择定义样式的位置，如果不创建外部样式表，则选择"（仅限该文档）"选项。单击"确定"按钮，弹出"img 的 CSS 规则定义"对话框，如图 8-11 所示。

图 8-10   图 8-11

（3）根据需要设置 CSS 属性，单击"确定"按钮完成设置。

8.3.2 创建 CSS 选择器

若要为具体某个标签组合或所有包含特定 ID 属性的标签定义格式，只需创建 CSS 选择器而无须应用。一般情况下，可利用创建 CSS 选择器的方式设置链接文本的 4 种状态，它们分别为鼠标指针单击时的状态"a:active"、鼠标指针经过时的状态"a:hover"、未单击时的状态"a:link"和已访问过的状态"a:visited"。

若重定义链接文本的状态，则需创建 CSS 选择器，其具体操作步骤如下。

（1）在文档中定位光标，打开"新建 CSS 规则"对话框。

（2）先在"选择器类型"下拉列表中选择"复合内容（基于选择的内容）"选项；然后在"选择器名称"选项的下拉列表中选择要重新定义链接文本的状态，如图 8-12 所示；最后在"规则定义"

下拉列表中选择定义样式的位置，如果不创建外部样式表，则选择"（仅限该文档）"选项。单击"确定"按钮，弹出"a:hover 的 CSS 规则定义"对话框，如图 8-13 所示。

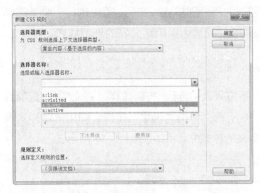

图 8-12
　　　　　　　　　　　　　　　　　图 8-13

（3）根据需要设置 CSS 属性，单击"确定"按钮完成设置。

8.3.3　创建和应用自定义样式

若要为不同网页元素设定相同的格式，可先创建一个自定义样式，然后将它应用到文档的网页元素中。

1. 创建自定义样式

（1）在文档中定位光标，打开"新建 CSS 规则"对话框。

（2）先在"选择器类型"下拉列表中选择"类（可应用于任何 HTML 元素）"选项；然后在"选择器名称"选项的文本框中输入自定义样式的名称，如".text"；最后在"规则定义"下拉列表中选择定义样式的位置，如果不创建外部样式表，则选择"（仅限该文档）"选项。单击"确定"按钮，弹出".text 的 CSS 规则定义"对话框，如图 8-14 所示。

（3）根据需要设置 CSS 属性，单击"确定"按钮完成设置。

图 8-14

2. 应用样式

创建自定义样式后，还要为不同的网页元素应用不同的样式，其具体操作步骤如下。

（1）在文档窗口中选择网页元素。

（2）在文档窗口左下方的标签\<p\>上单击鼠标右键，在弹出的菜单中选择"设置类 > text"命令，如图 8-15 所示。此时该网页元素应用样式修改了外观。若想撤销应用的样式，则在文档窗口左下方的标签上单击鼠标右键，在弹出的菜单中选择"设置类 > 无"命令即可。

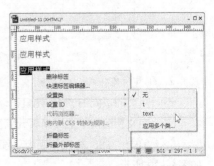

图 8-15

8.3.4　创建和引用外部样式

　　如果不同网页的不同元素需要使用同一样式，可通过引用外部样式来实现。首先创建一个外部样式，根据需要定义样式属性，然后在不同网页的不同 HTML 元素中引用定义好的外部样式。

　　1. 创建外部样式

　　（1）打开"新建 CSS 规则"对话框。

　　（2）在"新建 CSS 规则"对话框的"规则定义"下拉列表中选择"（新建样式表文件）"选项，在"选择器名称"选项的文本框中输入名称，如图 8-16 所示。单击"确定"按钮，弹出"将样式表文件另存为"对话框，在"文件名"文本框中输入自定义的样式文件名，如图 8-17 所示。

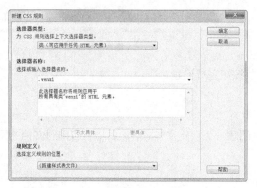

图 8-16　　　　　　　　　　　　　　　图 8-17

　　（3）单击"确定"按钮，弹出图 8-18 所示的".wenzi 的 CSS 规则定义（在 style.css 中）"对话框。根据需要设置 CSS 属性，单击"确定"按钮完成设置。刚创建的外部样式会出现在"CSS 样式"面板的样式列表中，如图 8-19 所示。

图 8-18　　　　　　　　　　　　　　　图 8-19

　　2. 引用外部样式

　　不同网页的不同 HTML 元素可以引用相同的外部样式，具体操作步骤如下。

　　（1）在文档窗口中选择网页元素。

　　（2）单击"CSS 样式"面板下部的"附加样式表"按钮，弹出"链接外部样式表"对话框，如图 8-20 所示。

　　对话框中各选项的作用如下。

● "文件/URL"选项。直接输入外部样式文件名，或单击"浏览"按钮选择外部样式文件。

● "添加为"选项组。包括"链接"和"导入"两个选项。"链接"选项表示传递外部 CSS 样式信息而不将其导入网页文档，在页面代码中生成<link>标签。"导入"选项表示将外部 CSS 样式信息导入网页文档，在页面代码中生成<@Import>标签。

（3）在对话框中根据需要设定参数，单击"确定"按钮完成设置。此时，引用的外部样式会出现在"CSS 样式"面板的样式列表中，如图 8-21 所示。

图 8-20   图 8-21

8.4 编辑样式

网站设计者有时需要修改应用于文档的内部样式和外部样式。如果修改内部样式，则会自动重新设置受它控制的所有 HTML 对象的格式；如果修改外部样式，则会自动重新设置与它链接的所有 HTML 文档。

编辑样式有以下几种方法。

● 先在"CSS 样式"面板中单击选中某样式，然后单击位于面板底部的"编辑样式"按钮 ，弹出图 8-22 所示的".wenzi 的 CSS 规则定义（在 style.css 中）"对话框。根据需要设置 CSS 属性，单击"确定"按钮完成设置。

● 在"CSS 样式"面板中，用鼠标右键单击样式，在弹出的菜单中选择"编辑"命令，如图 8-23 所示，弹出".t 的 CSS 规则定义（在 ys.css 中）"对话框。根据需要设置 CSS 属性，单击"确定"按钮完成设置。

● 在"CSS 样式"面板中选择样式，然后在 CSS"属性"面板中编辑它的属性，如图 8-24 所示。

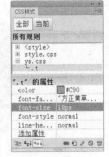

图 8-22   图 8-23   图 8-24

8.5 CSS 的属性

CSS 样式可以控制网页元素的外观，如字体、颜色、边距等，这些都是通过设置 CSS 样式的属性来实现的。CSS 样式属性包括"类型""背景""区块""方框""边框""列表""定位""扩展""过渡"9 个分类，分别设定不同网页元素的外观。下面分别进行介绍。

8.5.1 课堂案例——山地车网页

案例学习目标

使用"CSS 样式"命令制作菜单效果。

案例知识要点

使用"表格"按钮插入表格；使用"CSS 样式"命令设置翻转效果的链接。

效果所在位置

云盘中的"Ch08 > 效果 > 山地车网页 > index.html"，如图 8-25 所示。

图 8-25

扫码观看
本案例视频

扫码观看扩展案例

1. 插入表格并输入文字

（1）选择"文件 > 打开"命令，在弹出的"打开"对话框中，选择云盘中的"Ch08 > 山地车网页 > index.html"文件，单击"打开"按钮打开文件，如图 8-26 所示。将光标置入图 8-27 所示的单元格。

图 8-26

图 8-27

（2）单击"插入"面板"常用"选项卡中的"表格"按钮▦，在弹出的"表格"对话框中进行设置，如图 8-28 所示。单击"确定"按钮，完成表格的插入，效果如图 8-29 所示。

图 8-28　　　　　　　　　　　　　　　　　　图 8-29

（3）保持表格的选中状态，在"属性"面板"表格"选项文本框中输入"Nav"，如图 8-30 所示。在单元格中分别输入文字，如图 8-31 所示。

图 8-30　　　　　　　　　　　　　　　　　　图 8-31

（4）选中文字"图片新闻"，如图 8-32 所示。在"属性"面板"链接"选项文本框中输入"#"，为文字制作空链接效果，如图 8-33 所示。用相同的方法为其他文字添加链接，效果如图 8-34 所示。

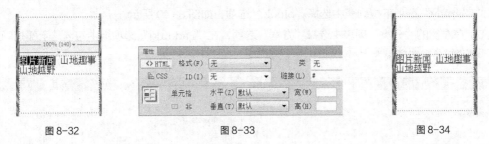

图 8-32　　　　　　　　　　图 8-33　　　　　　　　　　图 8-34

2. 设置 CSS 属性

（1）选中图 8-35 所示的表格，选择"窗口 > CSS 样式"命令，弹出"CSS 样式"面板，单击面板下方的"新建 CSS 规则"按钮▣，弹出"新建 CSS 规则"对话框，在对话框中进行设置，如图 8-36 所示。

（2）单击"确定"按钮，弹出"将样式表文件另存为"对话框，在"保存在"选项的下拉列表中选择当前站点目录保存路径，在"文件名"选项的文本框中输入"style"，如图 8-37 所示。

（3）单击"保存"按钮，弹出"#Nav a:link,#Nav a:visited 的 CSS 规则定义（在 style.css 中）"对话框，在左侧的"分类"列表中选择"类型"选项，将右侧的"Color"选项设为"黑色（#000）"，如图 8-38 所示。在"分类"列表中选择"背景"选项，将"Background-color"选项设为"灰白色（#f2f2f2）"，如图 8-39 所示。

图 8-35　　　　　　　　图 8-36　　　　　　　　　　　图 8-37

图 8-38　　　　　　　　　　　　　　图 8-39

（4）在左侧的"分类"列表中选择"区块"选项，在"Text-align"选项下拉列表中选择"center"选项，"Display"选项下拉列表中选择"block"选项，如图 8-40 所示。

（5）在左侧的"分类"列表中选择"方框"选项，在"Padding"选项组中勾选"全部相同"复选框，将"Top"选项设为"4"，如图 8-41 所示。

图 8-40　　　　　　　　　　　　　　图 8-41

（6）在左侧的"分类"列表中选择"边框"选项，分别在"Style"选项组、"Width"选项组和"Color"选项组中勾选"全部相同"复选框，设置"Top"选项的属性分别为"solid""2""#FFF"，如图 8-42 所示。单击"确定"按钮完成样式的创建，效果如图 8-43 所示。

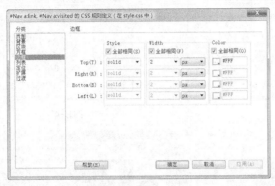

图 8-42   图 8-43

（7）单击"CSS 样式"面板下方的"新建 CSS 规则"按钮，弹出"新建 CSS 规则"对话框，在对话框中进行设置，如图 8-44 所示。

（8）单击"确定"按钮，弹出"#Nav a:hover 的 CSS 规则定义（在 style.css 中）"对话框，在左侧的"分类"列表中选择"背景"选项，将"Background-color"选项设为"白色（#FFF）"，如图 8-45 所示。

图 8-44   图 8-45

（9）在左侧的"分类"列表中选择"方框"选项，在"Padding"选项组中勾选"全部相同"复选框，将"Top"选项设为"2"；"Margin"选项组中勾选"全部相同"复选框，将"Top"选项设为"2"，如图 8-46 所示。

（10）在左侧的"分类"列表中选择"边框"选项，取消勾选"Style""Width""Color"选项组中的"全部相同"复选框，在"Style"选项组"Top"和"Left"选项下拉列表中选择"solid"，"Width"选项组的文本框中输入"1"，将颜色设为"蓝色（#29679c）"，如图 8-47 所示。单击"确定"按钮，完成样式的创建。

（11）保存文档，按 F12 键预览效果，如图 8-48 所示。当鼠标指针滑过导航按钮时，背景和边框颜色发生改变，效果如图 8-49 所示。

图 8-46

图 8-47

图 8-48

图 8-49

8.5.2　类型

"类型"分类主要是定义网页中文字的字体、字号、颜色等，"类型"选项面板如图 8-50 所示。"类型"面板包括以下 9 种 CSS 属性。

● "Font-family（字体）"选项。为文字设置字体。一般情况下，程序使用用户系统上安装的字体系列中的第一种字体显示文本。用户也可以手动编辑字体列表，首先打开"Font-family"选项右侧的下拉列表，选择"编辑字体列表"选项，如图 8-51 所示，弹出"编辑字体列表"对话框，如图 8-52 所示。然后在"可用字体"选项框中双击欲选字体，使其出现在"字体列表"列表中，单击"确定"按钮完成"编辑字体列表"的设置。最后再打开"Font-family"选项右侧的下拉列表，选择刚刚编辑的字体，如图 8-53 所示。

图 8-50

图 8-51

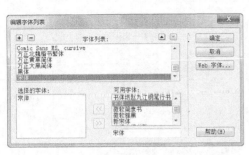

图 8-52   图 8-53

● "Font-size（大小）"选项。定义文本的大小。在选项的下拉列表中选择具体数值和度量单位。一般以像素为单位，因为它可以有效地防止浏览器破坏文本的显示效果。

● "Font-style（样式）"选项。指定字体的风格为"normal（正常）""italic（斜体）"或"oblique（偏斜体）"。默认设置是"normal（正常）"。

● "Line-height（行高）"选项。设置文本所在行的高度。在选项的下拉列表中选择具体数值和度量单位。若选择"normal（正常）"选项则自动计算字体大小以适应行高。

● "Text-decoration（修饰）"选项组。控制链接文本的显示形态，包括"underline（下划线）""overline（上划线）""line-through（贯穿线）""blink（闪烁）""none（无）"5 个选项。正常文本的默认设置是"none（无）"，链接的默认设置是"underline（下划线）"。

● "Font-weight（粗细）"选项。为字体设置粗细效果。它包含"normal（正常）""bold（粗体）""bolder（特粗）""lighter（细体）"和具体粗细值多个选项。通常"normal（正常）"选项等于 400 像素，"bold（粗体）"选项等于 700 像素。

● "Font-variant（变体）"选项。将正常文本缩小一半尺寸后大写显示，IE 浏览器不支持该选项。Dreamweaver CS6 也不在文档窗口中显示该选项。

● "Text-transform（大小写）"选项。将选定内容中的每个单词的首字母大写，或将文本设置为全部大写或小写。它包括"capitalize（首字母大写）""uppercase（大写）""lowercase（小写）""none（无）"4 个选项。

● "Color（颜色）"选项。设置文本的颜色。

8.5.3 背景

"背景"分类用于在网页元素后加入背景图像或背景颜色，"背景"选项面板如图 8-54 所示。

"背景"面板包括以下 6 种 CSS 属性。

● "Background-color（背景颜色）"选项。设置网页元素的背景颜色。

● "Background-image（背景图像）"选项。设置网页元素的背景图像。

● "Background-repeat（重复）"选项。控制背景图像的平铺方式，包括"no-repeat（不重复）""repeat（重复）""repeat-x（横向重复）""repeat-y（纵向重复）"4 个选项。若选择"no-repeat（不重复）"选项，则在元素开始处按原图大小显示一次图像；若选择"repeat（重复）"选项，则在元素的后面水平或垂直平铺图像；若选择"repeat-x（横向重复）"或"repeat-y（纵向重复）"选项，则分别在元素的后面沿水平方向平铺图像或沿垂直方向平铺图像，此时图像被剪辑以适应元素的边界。

图 8-54

- "Background-attachment（附件）"选项。设置背景图像是固定在它的原始位置还是随内容一起滚动。IE 浏览器支持该选项，但 Netscape Navigator 浏览器不支持。

- "Background-position（X）（水平位置）"和"Background-position（Y）（垂直位置）"选项。设置背景图像相对于元素的初始位置，前者包括"left（左对齐）""center（居中）""right（右对齐）""（值）"4 个选项，后者包括"top（顶部）""center（居中）""bottom（底部）""（值）"4 个选项。这两个选项可分别将背景图像与页面中心垂直和水平对齐。

8.5.4 区块

"区块"分类用于控制网页中块元素的间距、对齐方式和文字缩进等属性。块元素可以是文本、图像和层等。"区块"的选项面板如图 8-55 所示。

图 8-55

"区块"面板包括 7 种 CSS 属性。

- "Word-spacing（单词间距）"选项。设置文字间的间距，包括"normal（正常）"和"（值）"两个选项。若要减少单词间距，则可以设置为负值，但其显示取决于浏览器。

- "Letter-spacing（字母间距）"选项。设置字母间的间距，包括"normal（正常）"和"（值）"两个选项。若要减少字母间距，则可以设置为负值。IE 浏览器 4.0 版本和更高版本以及 Netscape Navigator 浏览器 6.0 版本支持该选项。

- "Vertical-align（垂直对齐）"选项。控制文字或图像相对于其母体元素的垂直位置。若将图像同其母体元素文字的顶部垂直对齐，则该图像将在该行文字的顶部显示。该选项包括"baseline

（基线）""sub（下标）""super（上标）""top（顶部）""text-top（文本顶对齐）""middle（中线对齐）""bottom（底部）""text-bottom（文本底对齐）""（值）" 9 个选项。"baseline（基线）"选项表示将元素的基准线同母体元素的基准线对齐；"top（顶部）"选项表示将元素的顶部同最高的母体元素对齐；"bottom（底部）"选项表示将元素的底部同最低的母体元素对齐；"sub（下标）"选项表示将元素以下标形式显示；"super（上标）"选项表示将元素以上标形式显示；"text-top（文本顶对齐）"选项表示将元素顶部同母体元素文字的顶部对齐；"middle（中线对齐）"选项表示将元素中点同母体元素文字的中点对齐；"text-bottom（文本底对齐）"选项表示将元素底部同母体元素文字的底部对齐。

 仅在应用于 \<img\> 标签时"Vertical-align（垂直对齐）"选项的设置才在文档窗口中显示。

- "Text-align（文本对齐）"选项。设置区块文本的对齐方式，包括"left（左对齐）""right（右对齐）""center（居中）""justify（两端对齐）" 4 个选项。
- "Text-indent（文字缩进）"选项。设置区块文本的缩进程度。若要让区块文本凸出显示，则该选项值为负值，但显示主要取决于浏览器。
- "White-space（空格）"选项。控制元素中的空格输入，包括"normal（正常）""pre（保留）""nowrap（不换行）" 3 个选项。
- "Display（显示）"选项。指定是否以及如何显示元素。"none（无）"为关闭应用此属性的元素的显示。

 Dreamweaver CS6 不在文档窗口中显示"White-Space（空格）"选项值。

8.5.5　方框

块元素可被看成包含在一个"盒子"中，这个盒子分成 4 部分，如图 8-56 所示。

"方框"分类用于控制网页中块元素的内容距区块边框的距离、区块的大小、区块间的间隔等。块元素可以是文本、图像和层等。"方框"的选项面板如图 8-57 所示。

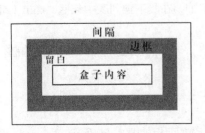

图 8-56

图 8-57

"方框"面板包括以下 6 种 CSS 属性。

- "Width（宽）"和"Height（高）"选项。设置元素的宽度和高度，使盒子的宽度和高度不受它所包含内容的影响。

- "Float（浮动）"选项。设置网页元素（如文本、层、表格等）的浮动效果。IE 浏览器和 Netscape 浏览器都支持"Float（浮动）"选项的设置。

- "Clear（清除）"选项。清除设置的浮动效果。

- "Padding（填充）"选项组。控制元素内容与盒子边框的间距，包括"Top（上）""Bottom（下）""Right（右）""Left（左）"4 个选项。若取消勾选"全部相同"复选框，则可单独设置块元素的各个边的填充效果；否则块元素的各个边会被设置为相同的填充效果。

- "Margin（边界）"选项组。控制围绕块元素的间隔数量，包括"Top（上）""Bottom（下）""Right（右）""Left（左）"4 个选项。若取消勾选"全部相同"复选框，则可为块元素设置不同的间隔效果；否则块元素有相同的间隔效果。

8.5.6 边框

"边框"分类主要用来设置块元素的边框，"边框"选项面板如图 8-58 所示。

图 8-58

"边框"面板包括以下几种 CSS 属性。

- "Style（样式）"选项组。设置块元素边框线的样式，在其下拉列表中包括"none（无）""dotted（点划线）""dashed（虚线）""solid（实线）""double（双线）""groove（槽状）""ridge（脊状）""inset（凹陷）""outset（凸出）"9 个选项。若取消勾选"全部相同"复选框，则可为块元素的各边框设置不同的样式。

- "Width（宽度）"选项组。设置块元素边框线的粗细，在其下拉列表中包括"thin（细）""medium（中）""thick（粗）""（值）"4 个选项。

- "Color（颜色）"选项组。设置块元素边框线的颜色。若取消勾选"全部相同"复选框，则可为块元素各边框设置不同的颜色。

8.5.7 列表

"列表"分类用于设置项目符号或编号的外观，"列表"选项面板如图 8-59 所示。

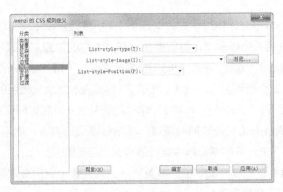

图 8-59

"列表"面板包括以下 3 种 CSS 属性。

● "List-style-type（类型）"选项。设置项目符号或编号的外观。在其下拉列表中包括"disc（圆点）""circle（圆圈）""square（方块）""decimal（数字）""lower-roman（小写罗马数字）""upper-roman（大写罗马数字）""lower-alpha（小写字母）""upper-alpha（大写字母）""none（无）"9 个选项。

● "List-style-image（项目符号图像）"选项。为项目符号指定自定义图像。单击选项右侧的"浏览"按钮选择图像，或直接在选项的文本框中输入图像的路径。

● "List-style-Position（位置）"选项。用于描述列表的位置，包括"inside（内）""outside（外）"两个选项。

8.5.8 定位

"定位"分类用于精确控制网页元素的位置，主要针对层的位置进行控制。"定位"选项面板如图 8-60 所示。

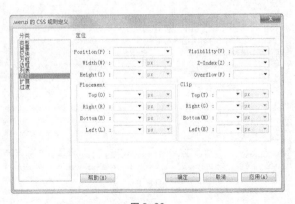

图 8-60

"定位"面板包括以下几种 CSS 属性。

● "Position（类型）"选项。确定定位的类型，其下拉列表中包括"absolute（绝对）""fixed（固定）""relative（相对）""static（静态）"4 个选项。"absolute（绝对）"选项表示以页面左上角为坐标原点，使用"定位"选项中输入的坐标值来放置层；"fixed（固定）"选项表示以页面左上角为坐标原点放置内容，当用户滚动页面时，内容将在此位置保持固定；"relative（相对）"选项表示以对象在文档中的位置为坐标原点，使用"定位"选项中输入的坐标来放置层；"static（静态）"选项表示以对象在文档中的位置为坐标原点，将层放在它在文本中的位置。该选项不显示在文档窗口中。

- "Visibility（显示）"选项。确定层的初始显示条件，包括"inherit（继承）""visible（可见）""hidden（隐藏）" 3 个选项。"inherit（继承）"选项表示继承父级层的可见性属性，如果层没有父级层，则它将是可见的；"visible（可见）"选项表示无论父级层如何设置，都显示该层的内容；"hidden（隐藏）"选项表示无论父级层如何设置，都隐藏该层的内容。如果不设置"Visibility（显示）"选项，则默认情况下在大多数浏览器中层都继承父级层的属性。

- "Z-Index（Z 轴）"选项。确定层的堆叠顺序，为元素设置重叠效果。编号较高的层显示在编号较低的层的上面。该选项使用整数，可以为正，也可以为负。

- "Overflow（溢位）"选项。此选项仅限于 CSS 层，用于确定在层的内容超出它的尺寸时的显示状态。其中，"visible（可见）"选项表示当层的内容超出层的尺寸时，层向右下方扩展以增加层的大小，使层内的所有内容均可见；"hidden（隐藏）"选项表示保持层的大小并剪辑层内任何超出层尺寸的内容；"scroll（滚动）"选项表示不论层的内容是否超出层的边界都在层内添加滚动条，"scroll（滚动）"选项不显示在文档窗口中，并且仅适用于支持滚动条的浏览器；"auto（自动）"选项表示滚动条仅在层的内容超出层的边界时才显示，"auto（自动）"选项不显示在文档窗口中。

- "Placement（位置）"选项组。此选项用于设置样式在页面中的位置。

- "Clip（剪裁）"选项组。此选项用于设置样式的剪裁位置。

8.5.9　扩展

"扩展"分类主要用于控制鼠标指针形状、控制打印时的分页以及为网页元素添加滤镜效果，但它仅支持 IE 浏览器 4.0 版本和更高的版本。"扩展"选项面板如图 8-61 所示。

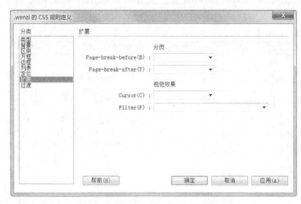

图 8-61

"扩展"面板包括以下几种 CSS 属性。

- "分页"选项组。在打印期间为打印的页面设置强行分页，包括"Page-break-before（之前）"和"Page-break-after（之后）"两个选项。

- "Cursor（光标）"选项。当鼠标指针位于样式所控制的对象上时改变鼠标指针的形状。IE 浏览器 4.0 版本和更高版本以及 Netscape Navigator 浏览器 6.0 版本都支持该属性。

- "Filter（滤镜）"选项。对样式控制的对象应用特殊效果，常用对象有图形、表格、图层等。

8.5.10　过渡

"过渡"分类主要用于控制动画属性的变化，以响应触发器事件，如悬停、单击和聚焦等，"过渡"选项面板如图 8-62 所示。

图 8-62

"过渡"面板包括以下几种 CSS 属性。

- "所有可动画属性"选项。勾选后可以设置所有的动画属性。
- "属性"选项。可以为 CSS 过渡效果添加属性。
- "持续时间"选项。设置 CSS 过渡效果的持续时间。
- "延迟"选项。设置 CSS 过渡效果的延迟时间。
- "计时功能"选项。设置动画的计时方式。

8.6　过滤器

随着网页设计技术的发展，人们希望能在页面中添加一些多媒体属性，如渐变和过滤效果等，CSS 技术使这些成为可能。Dreamweaver CS6 提供的"CSS 过滤器"属性可以将可视化的过滤器和转换效果添加到一个标准的 HTML 元素上。

8.6.1　课堂案例——汽车配件网页

案例学习目标

使用"CSS 样式"命令制作图片黑白效果。

案例知识要点

使用"图像"按钮插入图片；使用 Gray 滤镜制作图片黑白效果。

效果所在位置

云盘中的"Ch08 > 效果 > 汽车配件网页 > index.html"，如图 8-63 所示。

图 8-63

（1）选择"文件 > 打开"命令，在弹出的"打开"对话框中，选择云盘中的"Ch08 > 素材 > 汽车配件网页 > index.html"文件，单击"打开"按钮打开文件，如图 8-64 所示。将光标置入图 8-65 所示的单元格。

图 8-64　　　　　　　　　　　　　　　　　图 8-65

（2）单击"插入"面板"常用"选项卡中的"图像"按钮 ⊡▾，在弹出的"选择图像源文件"对话框中，选择云盘中的"Ch08 > 素材 > 汽车配件网页 > images"文件夹中的"qc_03.png"文件，单击"确定"按钮完成图片的插入，如图 8-66 所示。用相同的方法插入其他图像，效果如图 8-67 所示。

图 8-66　　　　　　　　　　　　　　　　　图 8-67

（3）选择"窗口 > CSS 样式"命令，弹出"CSS 样式"面板，单击面板下方的"新建 CSS 规则"按钮 🖹，弹出"新建 CSS 规则"对话框，在对话框中进行设置，如图 8-68 所示。单击"确定"按钮，弹出".pic 的 CSS 规则定义"对话框，在左侧的"分类"列表中选择"方框"选项，取消勾选"Margin"

选项组中的"全部相同"复选框，将"Right"选项设为"5"，如图 8-69 所示。

图 8-68　　　　　　　　　　　　　　　　图 8-69

（4）在左侧的"分类"列表中选择"扩展"选项，将"Filter"选项设为"Gray"，如图 8-70 所示。单击"确定"按钮，完成样式的创建。

（5）选中图 8-71 所示的图片，在"属性"面板"类"选项的下拉列表中选择"pic"选项，应用样式，如图 8-72 所示。用相同的方法为其他图像应用样式。

（6）在 Dreamweaver CS6 中看不到过滤器的真实效果，只有在浏览器的状态下才能看到真实效果。保存文档，按 F12 键预览效果，如图 8-73 所示。

图 8-70　　　　　　　　　　　图 8-71　　　　　　　　图 8-72

图 8-73

8.6.2 可应用过滤的 HTML 标签

CSS 过滤器不仅可以施加在图像上，还可以施加在文字、表格和图层等网页元素上，但并不是所有的 HTML 标签都可以施加 CSS 过滤器，只有 BODY（网页主体）、BUTTON（按钮）、DIV（层）、IMG（图像）、INPUT（表单的输入元素）、MARQUEE（滚动）、SPAN（段落内的独立行元素）、TABLE（表格）、TD（表格内单元格）、TEXTAREA（表单的多行输入元素）、TFOOT（当作注脚的表格行）、TH（表格的表头）、THEAD（表格的表头行）、TR（表格的一行）等 HTML 标签可以施加 CSS 过滤器。

打开"Table 的 CSS 规则定义"对话框，在"分类"列表中选择"扩展"选项，在右侧"Filter（滤镜）"选项的下拉列表中可以选择静态或动态过滤器。

8.6.3 CSS 的静态过滤器

CSS 中有静态过滤器和动态过滤器两种过滤器。IE 浏览器 4.0 版本支持以下 13 种静态过滤器。

- Alpha 过滤器。让对象呈现渐变的半透明效果，包含选项及其功能如下。

① Opacity 选项。以百分比的方式设置图片的透明程度，值为 0 ~ 100，0 表示完全透明，100 表示完全不透明。

② FinishOpacity 选项。和 Opacity 选项一起以百分比的方式设置图片的透明渐进效果，值为 0 ~ 100，0 表示完全透明，100 表示完全不透明。

③ Style 选项。设定渐进的显示形状。

④ StartX 选项。设定渐进开始的 X 坐标值。

⑤ StartY 选项。设定渐进开始的 Y 坐标值。

⑥ FinishX 选项。设定渐进结束的 X 坐标值。

⑦ FinishY 选项。设定渐进结束的 Y 坐标值。

- Blur 过滤器。让对象产生风吹的模糊效果，包含选项及其功能如下。

① Add 选项。设定是否在应用 Blur 过滤器的 HTML 元素上显示原对象的模糊方向，0 表示不显示原对象的模糊方向，1 表示显示原对象的模糊方向。

② Direction 选项。设定模糊的方向，0 表示向上，90 表示向右，180 表示向下，270 表示向左。

③ Strength 选项。以像素为单位设定图像模糊的半径大小，默认值是 5，取值范围是自然数。

- Chroma 过滤器。将图片中的某个颜色变成透明的，包含 Color 选项，用来指定要变成透明的颜色。

- DropShadow 过滤器。让文字或图像产生下落式的阴影效果，包含选项及其功能如下。

① Color 选项。设定阴影的颜色。

② OffX 选项。设定阴影相对于文字或图像在水平方向上的偏移量。

③ OffY 选项。设定阴影相对于文字或图像在垂直方向上的偏移量。

④ Positive 选项。设定阴影的透明程度。

- FlipH 和 FlipV 过滤器。在 HTML 元素上产生水平和垂直的翻转效果。

- Glow 过滤器。在 HTML 元素的外轮廓上产生光晕效果，包含 Color 和 Strength 两个选项。

① Color 选项。用于设定光晕的颜色。

② Strength 选项。用于设定光晕的范围。

● Gray 过滤器。让彩色图片产生灰色调效果。

● Invert 过滤器。让彩色图片产生照片底片的效果。

● Light 过滤器。在 HTML 元素上产生模拟光源的投射效果。

● Mask 过滤器。在图片上加上遮罩色，包含 Color 选项，用于设定遮罩的颜色。

● Shadow 过滤器。与 DropShadow 过滤器一样，让文字或图像产生下落式的阴影效果，但 Shadow 过滤器生成的阴影有渐进效果。

● Wave 过滤器。在 HTML 元素上产生垂直方向的波浪效果，包含选项及其功能如下。

① Add 选项。设定是否在应用 Wave 过滤器的 HTML 元素上显示原对象的模糊方向，0 表示不显示原对象的模糊方向，1 表示显示原对象的模糊方向。

② Freq 选项。设定波动的数量。

③ LightStrength 选项。设定光照效果的光照程度，值为 0 ~ 100，0 表示光照最弱，100 表示光照最强。

④ Phase 选项。以百分数的形式设定波浪的起始相位，值为 0 ~ 100。

⑤ Strength 选项。设定波浪的摇摆程度。

● Xray 过滤器。显示图片的轮廓，如同 X 光片的效果。

8.6.4　CSS 的动态过滤器

动态过滤器也叫转换过滤器。Dreamweaver CS6 提供的动态过滤器可以设定转换图片的效果。

● BlendTrans 过滤器。混合转换过滤器，在图片间产生淡入淡出的效果，包含 Duration 选项，用于表示淡入淡出的时间。

● RevealTrans 过滤器。显示转换过滤器，提供更多的图像转换的效果，包含 Duration 和 Transition 选项。Duration 选项表示转换的时间，Transition 选项表示转换的类型。

8.7　课堂练习——人寿保险网页

🔗 练习知识要点

使用"项目列表"按钮创建无序列表；使用"属性"面板创建空白链接；使用"CSS 样式"命令控制超链接的显示状态制作导航条效果。

◎ 素材所在位置

云盘中的"Ch08 > 素材 > 人寿保险网页 > images"。

◎ 效果所在位置

云盘中的"Ch08 > 效果 > 人寿保险网页 > index.html"，如图 8-74 所示。

图 8-74

扫码观看
本案例视频

8.8 课后习题——爱插画网页

习题知识要点

使用"Alpha"滤镜改变图像的透明度。

素材所在位置

云盘中的"Ch08 > 素材 > 爱插画网页 > images"。

效果所在位置

云盘中的"Ch08 > 效果 > 爱插画网页 > index.html"，如图 8-75 所示。

扫码观看
本案例视频

图 8-75

09

第9章
模板和库

本章介绍

网站是由多个整齐、规范、流畅的网页组成的。为了保持站点中网页风格的统一，网站制作者需要在每个网页中制作一些相同的内容，如相同栏目下的导航条、各类图标等。因此网站制作者需要花费大量的时间和精力在重复性的工作上。为了减少网页制作者的工作量，提高他们的工作效率，让他们从大量重复性工作中解脱出来，Dreamweaver CS6 提供了模板和库功能。

学习目标

✔ 掌握"资源"面板的使用方法
✔ 掌握创建模板、可编辑区域、重复区域、重复表格的方法
✔ 掌握模板的重命名、修改模板文件、更新站点和删除模板文件的方法
✔ 掌握创建库文件的方法
✔ 掌握重命名、删除、修改和更新库项目的方法

技能目标

✔ 掌握"水果慕斯网页"的制作方法
✔ 掌握"水果批发网页"的制作方法

9.1 "资源"面板

"资源"面板用于管理和使用制作网站的各种元素，如图像或影片文件等。选择"窗口 > 资源"命令，弹出"资源"面板，如图 9-1 所示。

"资源"面板提供了"站点"和"收藏"两种查看资源的方式，"站点"列表显示站点的所有资源，"收藏"列表仅显示用户曾明确选择的资源。在这两个列表中，资源被分成图像 、颜色 、URLs 、SWF 、Shockwave 、影片 、脚本 、模板 、库 9 种类别，显示在"资源"面板的左侧。"图像"列表中只显示 GIF、JPEG 或 PNG 格式的图像文件；"颜色"列表显示站点的文档和样式表中使用的颜色，包括文本颜色、背景颜色和链接颜色；"URLs"列表显示当前站点文档中的外部链接，包括 FTP、gopher、HTTP、HTTPS、JavaScript、电子邮件(mailto)和本地文件(file://)类型的链接；"SWF"列表显示任意版本的"*.swf"格式文件，不显示 Flash 源文件；"Shockwave"列表显示的影片是任意版本的"*.shockwave"格式文件；"影片"列表显示"*.quicktime"或"*.mpeg"格式文件；"脚本"列表显示独立的 JavaScript 或 VBScript 文件；"模板"列表显示模板文件，方便用户在多个页面上重复使用同一页面布局；"库"列表显示定义的库项目。

在模板列表中，面板底部排列着 5 个按钮，分别是"应用"按钮、"刷新站点列表"按钮 、"编辑"按钮 、"新建模版"按钮 、"删除"按钮 。"插入"按钮用于将"资源"面板中选中的元素直接插入到文档中；"刷新站点列表"按钮用于刷新站点列表；"新建模板"按钮用于建立新的模板；"编辑"按钮用于编辑当前选中的元素；"删除"按钮用于删除选中的元素。单击面板右上方的菜单按钮 ，弹出一个菜单，菜单中包括"资源"面板中的一些常用命令，如图 9-2 所示。

图 9-1

图 9-2

9.2 模板

模板可理解成模具，当需要制作相同的东西时只需将原始素材放入模板即可快速制作出来，既省时又省力。Dreamweaver CS6 提供的模板也是基于此目的的，如果要制作大量相同或相似的网页时，只需在页面布局设计好之后将它保存为模板页面，然后就可以利用模板创建相同布局的网页，并且可以在修改模板的同时修改使用该模板的所有页面上的布局。这样，就能大大提高设计者的工作效率。

将文档另存为模板时，Dreamweaver CS6 自动锁定文档的大部分区域。模板创作者需指定模板文档中的哪些区域可编辑，哪些区域不可编辑。

Dreamweaver CS6 中共有 4 种类型的模板区域。

● 可编辑区域。基于模板的文档中的未锁定区域，它是模板用户可以编辑的部分。模板创作者可以将模板的任何区域指定为可编辑的。要让模板生效，它应该至少包含一个可编辑区域；否则，将无法编辑基于该模板的页面。

● 重复区域。文档中设置为重复的布局部分。例如可以设置重复一个表格行。通常重复区域是可编辑的，这样模板用户可以编辑重复元素中的内容，同时使设计本身处于模板创作者的控制之下。在基于模板的文档中，模板用户可以根据需要，使用重复区域控制选项添加或删除重复区域的副本。可在模板中插入两种类型的重复区域，即重复区域和重复表格。

● 可选区域。模板中指定为可选的部分，用于保存有可能在基于模板的文档中出现的内容，如可选文本或图像。在基于模板的页面上，模板用户通常用来控制是否显示内容。

● 可编辑标签属性。在模板中解锁标签属性，以便可以在基于模板的页面中编辑该属性。

9.2.1 课堂案例——水果慕斯网页

案例学习目标

使用"插入"面板"常用"选项卡中的按钮创建模板网页效果。

案例知识要点

使用"创建模板"按钮创建模板；使用"可编辑区域"和"重复区域"按钮制作可编辑区域和重复可编辑区域效果。

效果所在位置

云盘中的"Templates > Tpl.dwt"，如图 9-3 所示。

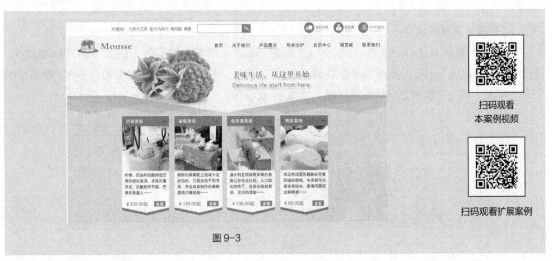

扫码观看
本案例视频

扫码观看扩展案例

图 9-3

1．创建模板

（1）选择"文件 > 打开"命令，在弹出的"打开"对话框中，选择云盘中的"Ch09 > 素材 >
水果慕斯网页 > index.html"文件，单击"打开"按钮打开文件，如图 9-4 所示。

（2）在"插入"面板"常用"选项卡中单击"模板"展开式按钮 ，选择"创建模板"选项，
在弹出的"另存模板"对话框中进行设置，如图 9-5 所示。单击"保存"按钮，弹出"Dreamweaver"
提示对话框，如图 9-6 所示。单击"是"按钮，将当前文档转换为模板文档，文档名称也随之改变，
如图 9-7 所示。

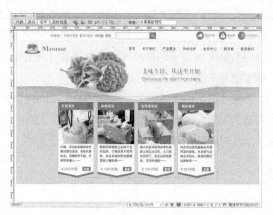

图 9-4

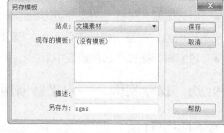

图 9-5

图 9-6

图 9-7

2．创建可编辑区域

（1）选中图 9-8 所示的表格，在"插入"面板"常用"选项卡中单击"模板"展开式按钮 ，
选择"可编辑区域"选项，弹出"新建可编辑区域"对话框，在"名称"文本框中输入名称，如图 9-9
所示。单击"确定"按钮创建可编辑区域，如图 9-10 所示。

图 9-8

图 9-9

图 9-10

（2）选中图 9-11 所示的表格，在"插入"面板"常用"选项卡中单击"模板"展开式按钮 ，选择"重复区域"选项，在弹出的"新建重复区域"对话框中进行设置，如图 9-12 所示。单击"确定"按钮，效果如图 9-13 所示。

图 9-11

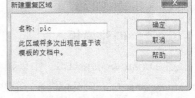

图 9-12

图 9-13

（3）选中图 9-14 所示的图像，在"插入"面板"常用"选项卡中再次单击"模板"展开式按钮 ，选择"可编辑区域"选项，在弹出的"新建可编辑区域"对话框中进行设置，如图 9-15 所示。单击"确定"按钮，创建可编辑区域，如图 9-16 所示。

图 9-14

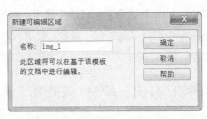

图 9-15

图 9-16

（4）用相同的方法将其他图片创建为可编辑区域，模板网页效果制作完成，如图 9-17 所示。

图 9-17

9.2.2　创建模板

在 Dreamweaver CS6 中创建模板非常容易，如同制作网页一样。当用户创建模板之后，Dreamweaver CS6 自动把模板存储在站点的本地根目录下的"Templates"子文件夹中，文件扩展名为.dwt。如果此文件夹不存在，当存储一个新模板时，Dreamweaver CS6 将自动生成此子文件夹。

1. 创建空模板

创建空模板有以下几种方法。

● 在打开的文档窗口中单击"插入"面板"常用"选项卡中的"创建模板"按钮 ⬚▼，将当前文档转换为模板文档。

● 在"资源"面板中单击"模板"按钮 ⬚，此时列表为模板列表，如图 9-18 所示。然后单击下方的"新建模板"按钮 ⬚，创建空模板，此时新的模板添加到"资源"面板的"模板"列表中。为该模板输入名称，如图 9-19 所示。

图 9-18　　　　　　　　图 9-19

● 在"资源"面板的"模板"列表中单击鼠标右键，在弹出的菜单中选择"新建模板"命令。

 如果要修改新建的空模板，则先在"模板"列表中选中该模板，然后单击"资源"面板右下方的"编辑"按钮 ⬚；如果要重命名新建的空模板，则单击"资源"面板右上方的菜单按钮 ⬚，从弹出的菜单中选择"重命名"命令，然后输入新名称。

2. 将现有文档存为模板

（1）选择"文件 > 打开"命令，弹出"打开"对话框，如图 9-20 所示，选择要作为模板的网页，然后单击"打开"按钮打开文件。

（2）选择"文件 > 另存为模板"命令，弹出"另存模板"对话框，输入模板名称，如图 9-21 所示。

图 9-20   图 9-21

（3）单击"保存"按钮，此时窗口标题栏显示"MuBan"字样，表明当前文档是一个模板文档，如图 9-22 所示。

图 9-22

9.2.3　定义和取消可编辑区域

模板的不可编辑区域是指基于模板创建的网页中固定不变的元素；模板的可编辑模板区域是指基于模板创建的网页中用户可以编辑的区域。当创建一个模板或将一个网页另存为模板时，Dreamweaver CS6 默认将所有区域标记为锁定，因此网站设计者要根据具体要求定义和修改模板的可编辑区域。

1. 对已有的模板进行修改

在"资源"面板的"模板"列表中选择要修改的模板名，单击面板右下方的"编辑"按钮 📝 或双击模板名后，就可以在文档窗口中编辑该模板了。

当模板应用于文档时，用户只能在可编辑区域中进行更改，无法修改锁定区域。

2. 定义可编辑区域

（1）选择区域。

● 选择区域有以下几种方法。

● 在文档窗口中选择要设置为可编辑区域的文本或内容。

● 在文档窗口中将光标放在要插入可编辑区域的地方。

（2）打开"新建可编辑区域"对话框。

打开"新建可编辑区域"对话框有以下几种方法。

- 在"插入"面板"常用"选项卡中单击"模板"展开式按钮，选择"可编辑区域"选项。
- 按 Ctrl + Alt + V 组合键。
- 选择"插入 ＞ 模板对象 ＞ 可编辑区域"命令。
- 在文档窗口中单击鼠标右键，在弹出的菜单中选择"模板 ＞ 新建可编辑区域"命令。

（3）创建可编辑区域。

- 在"名称"选项的文本框中为该区域输入唯一的名称，如图 9-23 所示。最后单击"确定"按钮创建可编辑区域，如图 9-24 所示。可编辑区域在模板中由高亮显示的矩形边框围绕，该边框使用在"首选参数"对话框中设置的高亮颜色，该区域左上角的选项卡显示该区域的名称。

使用可编辑区域的注意事项如下。

- 不能在"名称"选项的文本框中使用特殊字符。
- 不能对同一模板中的多个可编辑区域使用相同的名称。

图 9-23

图 9-24

- 可以将整个表格或单独的表格单元格标记为可编辑的，但不能将多个表格单元格标记为单个可编辑区域。如果选中<td>标签，则可编辑区域包括单元格周围的区域；如果未选中，则可编辑区域将只影响单元格中的内容。
- 层和层内容是单独的元素。使层可编辑时可以更改层的位置及其内容，使层的内容可编辑时只能更改层的内容而不能更改其位置。
- 在普通网页文档中插入一个可编辑区域，Dreamweaver CS6 会提示该文档将自动另存为模板。
- 可编辑区域不能嵌套插入。

3. 定义可编辑的重复区域

重复区域是可以根据需要在基于模板的页面中复制任意次数的模板部分。重复区域通常用于表格，但也可以为其他页面元素定义重复区域。但是重复区域不是可编辑区域，若要使重复区域中的内容可编辑，必须在重复区域内插入可编辑区域。

定义重复区域的具体操作步骤如下。

（1）选择区域。

（2）打开"新建重复区域"对话框。

打开"新建重复区域"对话框有以下几种方法。

- 在"插入"面板"常用"选项卡中单击"模板"展开式按钮，选择"重复区域"选项。

- 选择"插入 > 模板对象 > 重复区域"命令。
- 在文档窗口中单击鼠标右键，在弹出的菜单中选择"模板 > 新建重复区域"命令。

（3）定义重复区域。

在"名称"选项的文本框中为模板区域输入唯一的名称，如图 9-25 所示。单击"确定"按钮，将重复区域插入到模板中。最后选择重复区域或其一部分，如表格、行或单元格等，定义可编辑区域，如图 9-26 所示。

在一个重复区域内可以继续插入另一个重复区域。

图 9-25

图 9-26

4. 定义可编辑的重复表格

有时网页的内容经常变化，此时可使用"重复表格"功能创建模板。利用此模板创建的网页可以方便地增加或减少表格中格式相同的行，满足内容变化的网页布局。创建包含重复行格式的可编辑区域，要使用"重复表格"选项。此功能可以定义表格属性，并可以设置哪些表格中的单元格可编辑。

定义重复表格的具体操作步骤如下。

（1）将光标放在文档窗口中要插入重复表格的位置。

（2）打开"插入重复表格"对话框，如图 9-27 所示。

打开"插入重复表格"对话框有以下几种方法。

- 在"插入"面板"常用"选项卡中单击"模板"展开式按钮 ，选择"重复表格"选项。

图 9-27

- 选择"插入 > 模板对象 > 重复表格"命令。

"插入重复表格"对话框中各选项的作用如下。

- "行数"选项。设置表格具有的行的数目。
- "列"选项。设置表格具有的列的数目。
- "单元格边距"选项。设置单元格内容和单元格边界之间的像素数。
- "单元格间距"选项。设置相邻的表格单元格之间的像素数。
- "宽度"选项。以像素为单位或以浏览器窗口宽度的百分比设置表格的宽度。
- "边框"选项。以像素为单位设置表格边框的宽度。

- "重复表格行"选项组。设置表格中哪些行包括在重复区域中。
- "起始行"选项。将输入的行号设置为包括在重复区域中的第一行。
- "结束行"选项。将输入的行号设置为包括在重复区域中的最后一行。
- "区域名称"选项。为重复区域设置唯一的名称。

（3）按需要输入新值，单击"确定"按钮，重复表格即出现在模板中，如图 9-28 所示。

使用重复表格要注意以下几点。

- 如果没有明确指定单元格边距和单元格间距的值，则大多数浏览器按单元格边距设置为 1、单元格间距设置为 2 来显示表格。若要浏览器显示的表格没有边距和间距，则将"单元格边距"选项和"单元格间距"选项设置为 0。
- 如果没有明确指定边框的值，则大多数浏览器按边框设置为 1 显示表格。若要浏览器显示的表格没有边框，则将"边框"设置为 0。若要在边框设置为 0 时查看单元格和表格边框，则要选择"查看 > 可视化助理 > 表格边框"命令。
- 重复表格可以包含在重复区域内，但不能包含在可编辑区域内。

5. 取消可编辑区域标记

使用"取消可编辑区域"命令可取消可编辑区域的标记，使之成为不可编辑区域。取消可编辑区域标记有以下几种方法。

- 先选择可编辑区域，然后选择"修改 > 模板 > 删除模板标记"命令，此时该区域变成不可编辑区域。
- 先选择可编辑区域，然后在文档窗口下方的可编辑区域标签上单击鼠标右键，在弹出的菜单中选择"删除标签"命令，如图 9-29 所示。此时该区域变成不可编辑区域。

图 9-28

图 9-29

9.2.4 创建基于模板的网页

创建基于模板的网页有两种方法，一是使用"新建"命令创建基于模板的新文档；二是应用"资源"面板中的模板来创建基于模板的网页。

1. 使用"新建"命令创建基于模板的新文档

选择"文件 > 新建"命令，打开"新建文档"对话框，单击"模板中的页"标签，切换到"从模板新建"界面。在"站点"选项框中选择本网站的站点，如"文稿素材"，再从右侧的选项框中选择一个模板文件，如图 9-30 所示。单击"创建"按钮，创建基于模板的新文档。

编辑完文档后，选择"文件 > 保存"命令，保存所创建的文档。在文档窗口中按照模板中的设置建立了一个新的页面，并可向编辑区域添加信息，如图 9-31 所示。

图 9-30

图 9-31

2. 应用"资源"面板中的模板创建基于模板的网页

新建 HTML 文档，选择"窗口 > 资源"命令，弹出"资源"面板。在"资源"面板中，单击左侧的"模板"按钮，再从模板列表中选择相应的模板，最后单击面板下方的"应用"按钮，在文档中应用该模板，如图 9-32 所示。

9.2.5 管理模板

创建模板后可以重命名模板文件、修改模板文件和删除模板文件。

1. 重命名模板文件

（1）选择"窗口 > 资源"命令，弹出"资源"面板，单击左侧的"模板"按钮，面板右侧显示本站点的模板列表。

图 9-32

（2）在模板列表中，选中模版后单击模板的名称选中文本，然后输入一个新名称，按 Enter 键使更改生效，如图 9-33 所示。

2. 修改模板文件

（1）选择"窗口 > 资源"命令，弹出"资源"面板，单击左侧的"模板"按钮，面板右侧显示本站点的模板列表，如图 9-34 所示。

（2）在模板列表中双击要修改的模板文件将其打开，

图 9-33　　　　图 9-34

根据需要修改模板内容。例如，可以将表格首行的背景色由蓝色变成黄色，如图 9-35、图 9-36 所示。

原图

图 9-35

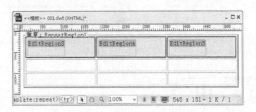

新图

图 9-36

3. 更新站点

用模板的最新版本更新整个站点或应用特定模板的所有网页的具体操作步骤如下。

（1）选择"修改 > 模板 > 更新页面"命令，弹出"更新页面"对话框，如图 9-37 所示。

"更新页面"对话框中各选项的作用如下。

图 9-37

● "查看"选项。设置是用模板的最新版本更新整个站点还是更新应用特定模板的所有网页。

● "更新"选项组。设置更新的类别，此时勾选"模板"复选框。

● "显示记录"选项。设置是否查看 Dreamweaver CS6 更新文件的记录。如果勾选"显示记录"复选框，则 Dreamweaver CS6 将提供关于其试图更新的文件信息，包括是否成功更新。

● "开始"按钮。单击此按钮，Dreamweaver CS6 将按照指示更新文件。

● "关闭"按钮。单击此按钮，关闭"更新页面"对话框。

（2）若用模板的最新版本更新整个站点，则在"查看"选项右侧的第一个下拉列表中选择"整个站点"，然后在第二个下拉列表中选择站点名称；若更新应用特定模板的所有网页，则在"查看"选项右侧的第一个下拉列表中选择"文件使用……"，然后从第二个下拉列表中选择相应的网页名称。

（3）在"更新"选项组中勾选"模板"复选框。

（4）单击"开始"按钮，即可根据选择更新整个站点或应用特定模板的所有网页。

（5）单击"关闭"按钮，关闭"更新页面"对话框。

4. 删除模板文件

选择"窗口 > 资源"命令，打开"资源"面板。单击左侧的"模板"按钮，面板右侧显示本站点的模板列表。单击模板的名称选择该模板，单击面板下方的"删除"按钮，并确认要删除该模板，将该模板文件从站点中删除。

> 删除模板后，基于此模板的网页不会与此模板分离，它们还保留已删除模板的结构和可编辑区域。网页文件"01.html"应用模板 001，在删除模板文件"001.dwt"后仍保留删除模板的结构和可编辑区域，如图 9-38 所示。

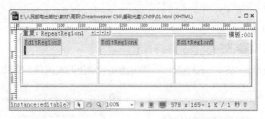

图 9-38

9.3 库

库是存储重复使用的页面元素的集合，是一种特殊的 Dreamweaver CS6 文件，库文件也称为库项目。一般情况下，创建库文件的优点是方便使用一些经常重复使用或更新的页面元素，需要时就可以将库文件（即库项目）插入到网页中。当修改库文件时，所有包含该项目的页面都将被更新。因此，使用库文件可大大提高网页制作者的工作效率。

9.3.1 课堂案例——水果批发网页

案例学习目标

使用"资源"面板添加库项目，并使用注册的项目制作网页文档。

案例知识要点

使用"库"面板添加库项目；使用"库"中注册的项目制作网页文档；使用"CSS 样式"命令改变文本的颜色。

效果所在位置

云盘中的"Ch09 > 效果 >水果批发网页> index.html"，如图 9-39 所示。

图 9-39

扫码观看
本案例视频

扫码观看扩展案例

1. 把经常用的图标注册到库中

（1）选择"文件 > 打开"命令，在弹出的"打开"对话框中，选择云盘中的"Ch09 > 水果批发网页 >index.html"文件，单击"打开"按钮打开文件，如图 9-40 所示。

（2）选择"窗口 > 资源"命令，弹出"资源"面板，单击左侧的"库"按钮 ，打开"库"面板，选中图 9-41 所示的图片，按住鼠标左键将其拖曳到"库"面板中，如图 9-42 所示。

（3）松开鼠标左键，选中的图像将添加为库项目，如图 9-43 所示。在可输入状态下，将其重命名为"logo"，按 Enter 键确认，如图 9-44 所示。

（4）选中图 9-45 所示的表格，按住鼠标左键将其拖曳到"库"面板中，松开鼠标左键，选中的表格将添加为库项目。在可输入状态下，将其重命名为"daohang"，按 Enter 键确认。

（5）选中图 9-46 所示的文字，按住鼠标左键将其拖曳到"库"面板中，如图 9-47 所示。松开鼠标左键，选中的图像将添加为库项目，如图 9-48 所示。在可输入状态下，将其重命名为"text"并按下 Enter 键，如图 9-49 所示。文档窗口中文本的背景变成黄色，效果如图 9-50 所示。

图 9-40

图 9-41

图 9-42

图 9-43

图 9-44

图 9-45

图 9-46

图 9-47

图 9-48

图 9-49

图 9-50

2. 利用库中注册的项目制作网页文档

（1）选择"文件 > 打开"命令，在弹出的"打开"对话框中，选择云盘中的"Ch09 >水果批发网页 > lipinka.html"文件，单击"打开"按钮，效果如图 9-51 所示。将光标置入图 9-52 所示的单元格。

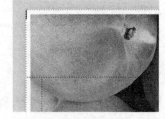

图 9-51

图 9-52

（2）选择"库"面板中的"logo"选项，如图 9-53 所示，按住鼠标左键将其拖曳到单元格中，如图 9-54 所示，然后松开鼠标左键，效果如图 9-55 所示。

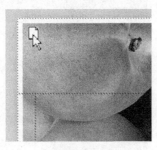

图 9-53

图 9-54

图 9-55

（3）选择"库"面板中的"daohang"选项，按住鼠标左键将其拖曳到单元格中，效果如图 9-56 所示。

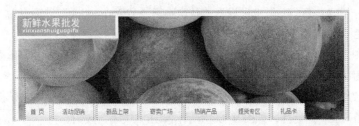

图 9-56

（4）选择"库"面板中的"text"选项，按住鼠标左键将其拖曳到单元格中，效果如图 9-57 所示。

（5）保存文档，按 F12 键预览效果，如图 9-58 所示。

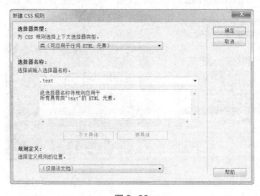

图 9-57   图 9-58

3. 修改库中注册的项目

（1）返回 Dreamweaver CS6 界面，在"库"面板中双击"text"选项，进入项目的编辑界面，效果如图 9-59 所示。

（2）按 Shift+F11 组合键，弹出"CSS 样式"面板，单击面板下方的"新建 CSS 规则"按钮，在弹出的"新建 CSS 规则"对话框中进行设置，如图 9-60 所示。

图 9-59   图 9-60

（3）单击"确定"按钮，弹出".text 的 CSS 规则定义"对话框，在左侧的"分类"列表中选择"类型"选项，将"Font-family"选项设为"微软雅黑"，"Font-size"选项设为"16"，"Color"选项设为"橘黄色（#C60）"，如图 9-61 所示。

（4）选中图 9-62 所示的文字，在"属性"面板"类"选项的下拉列表中选择"text"选项，应用样式，效果如图 9-63 所示。

（5）选择"文件 > 保存"命令，弹出"更新库项目"对话框，如图 9-64 所示。单击"更新"按钮，弹出"更新页面"对话框，如图 9-65 所示，单击"关闭"按钮。

（6）返回到"lipinka.html"编辑窗口，按 F12 键预览效果，可以看到文字的颜色发生了改变，如图 9-66 所示。

图 9-61

图 9-62

图 9-63

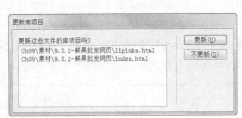

图 9-64

图 9-65

图 9-66

9.3.2　创建库文件

我们可以使用文档<body>部分中的任意元素创建库文件，也可新建一个空白库文件。

1. 基于选定内容创建库项目

先在文档窗口中选中要创建为库项目的网页元素，然后创建库项目，并为新的库项目输入一个名称。

创建库项目有以下几种方法。

● 选择"窗口 > 资源"命令，弹出"资源"面板。单击"库"按钮，打开"库"面板，按住鼠标左键将选中的网页元素拖曳到"资源"面板中，如图 9-67 所示。

图 9-67

- 单击"库"面板底部的"新建库项目"按钮 。
- 在"库"面板中单击鼠标右键，在弹出的菜单中选择"新建库项"命令。
- 选择"修改 > 库 > 增加对象到库"命令。

> **知识提示**
>
> 　　Dreamweaver 在站点本地根文件夹的"Library"文件夹中，将每个库项目都保存为一个单独的文件（文件扩展名为.lbi）。

2．创建空白库项目

（1）确保没有在文档窗口中选择任何内容。

（2）选择"窗口 > 资源"命令，弹出"资源"面板。单击"库"按钮 ，打开"库"面板。

（3）单击"库"面板底部的"新建库项目"按钮 ，一个新的无标题的库项目被添加到面板的列表中，如图 9-68 所示。然后为该项目输入一个名称，并按 Enter 键确定。

图 9-68

9.3.3　向页面添加库项目

当向页面添加库项目时，将把实际内容以及对该库项目的引用一起插入文档。此时无需提供原项目就可以正常显示。在页面中插入库项目的具体操作步骤如下。

（1）将光标放在文档窗口中的合适位置。

（2）选择"窗口 > 资源"命令，弹出"资源"面板。单击"库"按钮 ，打开"库"面板。将库项目插入网页，效果如图 9-69 所示。

将库项目插入网页有以下几种方法。

- 将一个库项目从"库"面板拖曳到文档窗口中。
- 在"库"面板中选择一个库项目，然后单击面板底部的"插入"按钮。

> **知识提示**
>
> 　　若要在文档中插入库项目的内容而不包括对该项目的引用，则应在从"资源"面板向文档中拖曳该项目的同时按住 Ctrl 键，插入的效果如图 9-70 所示。如果用这种方法插入项目，则可以在文档中编辑该项目，但当更新该项目时，使用该库项目的文档不会随之更新。

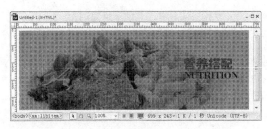

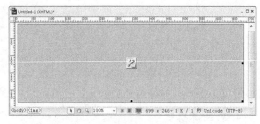

图 9-69　　　　　　　　　　　　　　　　　　图 9-70

9.3.4　更新库文件

当修改库项目时，会更新使用该项目的所有文档。如果选择不更新，那么文档将保持与库项目的关联，可以在以后进行更新。

对库项目的更改包括重命名库项目、删除库项目、重新创建已删除的库项目、修改库项目、更新库项目。

1. 重命名库项目

重命名库项目可以断开其与文档或模板的连接。重命名库项目的具体操作步骤如下。

（1）选择"窗口 > 资源"命令，弹出"资源"面板。单击"库"按钮 📖，打开"库"面板。

（2）在库列表中，选中要重命名的库项目，再单击它的名称，以便使文本可选，然后输入一个新名称。

（3）按 Enter 键使更改生效，此时弹出"更新库项目"对话框，如图 9-71 所示。若要更新站点中所有使用该项目的文档，单击"更新"按钮；否则，单击"不更新"按钮。

图 9-71

2. 删除库项目

先选择"窗口 > 资源"命令，弹出"资源"面板。单击"库"按钮 📖，打开"库"面板，然后删除选择的库项目。删除库项目有以下几种方法。

- 在"库"面板中单击选择库项目，单击面板底部的"删除"按钮 🗑，然后确认删除该项目。

- 在"库"面板中单击选择库项目，然后按 Delete 键并确认删除该项目。

　　删除一个库项目后，将无法使用"编辑 > 撤销"命令来找回它，只能重新创建。从库中删除库项目后，不会更改任何使用该项目的文档的内容。

3. 重新创建已删除的库项目

若网页中已插入了库项目，但该库项目被误删，此时可以重新创建库项目。重新创建已删除库项目的具体操作步骤如下。

（1）在网页中选择被删除的库项目的一个实例。

（2）选择"窗口 > 属性"命令，弹出"属性"面板，如图 9-72 所示。单击"重新创建"按钮，此时在"库"面板中将显示该库项目。

图 9-72

4. 修改库项目

（1）选择"窗口 > 资源"命令，打开"资源"面板，单击左侧的"库"按钮 📖，面板右侧显示本站点的库列表，如图 9-73 所示。

（2）在库列表中双击要修改的库或单击面板底部的"编辑"按钮 📝 来打开库项目，如图 9-74 所示。此时，可以根据需要修改库内容。

图 9-73

图 9-74

5. 更新库项目

用库项目的最新版本更新整个站点或插入该库项目的所有网页的具体操作步骤如下。

（1）打开"更新页面"对话框。

（2）用库项目的最新版本更新整个站点，首先在"查看"选项右侧的第一个下拉列表中选择"整个站点"，然后从第二个下拉列表中选择站点名称。若更新插入该库项目的所有网页，则在"查看"选项右侧的第一个下拉列表中选择"文件使用……"，然后从第二个下拉列表中选择相应的网页名称。

（3）在"更新"选项组中勾选"库项目"复选框。

（4）单击"开始"按钮，即可根据选择更新整个站点或应用特定模板的所有网页。

（5）单击"关闭"按钮关闭"更新页面"对话框。

9.4　课堂练习——婚礼策划网页

🔗 练习知识要点

使用"库"面板添加库项目；使用库中注册的项目制作网页文档。

◎ 素材所在位置

云盘中的"Ch09 > 素材 > 婚礼策划网页 > images"。

效果所在位置

云盘中的"Ch09 > 效果 > 婚礼策划网页 > index.html",如图 9-75 所示。

扫码观看
本案例视频

图 9-75

9.5 课后习题——食谱大全网页

习题知识要点

使用"另存为模板"命令将网页页面存为模板;使用"重复区域"和"可编辑区域"按钮创建重复区域和可编辑区域。

素材所在位置

云盘中的"Ch09 > 素材 > 食谱大全网页 > images"。

效果所在位置

云盘中的"Templates > shipu.dwt",如图 9-76 所示。

扫码观看
本案例视频

图 9-76

第 10 章
使用表单

本章介绍

随着网络的普及，越来越多的人在网上创建了自己的个人网站。一般情况下，个人网站的设计者除了想宣传自己外，还希望收到浏览者的反馈信息。表单为网站设计者提供了通过网络接收其他用户数据的平台，如注册会员页、网上订货页、检索页等，都是通过表单来收集用户信息的。可以说，表单是网站管理者与浏览者间沟通的桥梁。

学习目标

- 掌握表单的使用方法
- 掌握单行文本域、多行文本域、密码文本域和隐藏域的创建方法
- 掌握单选按钮、单选按钮组和复选框的创建方法
- 掌握列表菜单和跳转菜单的创建方法
- 掌握文件域、图像域和按钮的创建方法

技能目标

- 掌握"用户登录网页"的制作方法
- 掌握"人力资源网页"的制作方法
- 掌握"健康测试网页"的制作方法
- 掌握"OA 登录系统页面"的制作方法

10.1　使用表单

表单是一个"容器"，用来存放表单对象，并负责将表单对象的值提交给服务器端的某个程序进行处理，所以在添加文本域、按钮等表单对象之前，要先插入表单。

10.1.1　课堂案例——用户登录网页

案例学习目标

使用"插入"面板"常用"选项卡中的按钮插入表格；使用"表单"选项卡中的按钮插入文本字段、文本区域，并设置相应的属性。

案例知识要点

使用"表单"按钮插入表单；使用"表格"按钮插入表格；使用"文本字段"按钮插入文本字段；使用"属性"面板设置表格、文本字段的属性。

效果所在位置

云盘中的"Ch10 > 效果 >用户登录网页> index.html"，如图 10-1 所示。

扫码观看
本案例视频

扫码观看扩展案例

图 10-1

1. 插入表单和表格

（1）选择"文件 > 打开"命令，在弹出的"打开"对话框中，选择云盘中的"Ch10 > 用户登录界面 > index.html"文件，单击"打开"按钮打开文件，如图 10-2 所示。将光标置入图 10-3 所示的单元格。

（2）单击"插入"面板"表单"选项卡中的"表单"按钮□，插入表单，如图 10-4 所示。单击"插入"面板"常用"选项卡中的"表格"按钮▦，在弹出的"表格"对话框中进行设置，如图 10-5 所示。单击"确定"按钮完成表格的插入，效果如图 10-6 所示。

（3）选中图 10-7 所示的单元格，单击"属性"面板中的"合并所选单元格，使用跨度"按钮□，将选中单元格合并，效果如图 10-8 所示。在"属性"面板"水平"选项的下拉列表中选择"居中对齐"选项，将"高"选项设为"80"，效果如图 10-9 所示。

图 10-2　　　　　　　　　　　　　　　　图 10-3

图 10-4　　　　　　　　　　图 10-5　　　　　　　　　　图 10-6

（4）单击"插入"面板"常用"选项卡中的"图像"按钮▣·，在弹出的"选择图像源文件"对话框中，选择云盘中的"Ch10 > 用户登录界面 > images > tx.png"文件，单击"确定"按钮完成图片的插入，效果如图 10-10 所示。

图 10-7　　　　　　图 10-8　　　　　　图 10-9　　　　　　图 10-10

（5）将光标置入第 2 行第 1 列单元格，如图 10-11 所示。在"属性"面板中，将"宽"选项设为"50"，"高"选项设为"40"。用相同的方法设置第 3 行第 1 列单元格，效果如图 10-12 所示。

（6）将光标置入第 2 行第 1 列单元格中，单击"插入"面板"常用"选项卡中的"图像"按钮▣·，在弹出的"选择图像源文件"对话框中，选择云盘中的"Ch10 > 用户登录界面 > images > adm.png"文件，单击"确定"按钮完成图片的插入，效果如图 10-13 所示。用相同的方法将云盘中的"Ch10 > 用户登录界面 > images > key.png"文件插入相应的单元格，如图 10-14 所示。

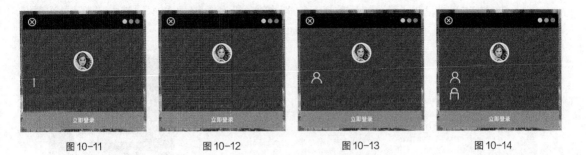

图 10-11　　　　　　　　图 10-12　　　　　　　　图 10-13　　　　　　　　图 10-14

2. 插入文本字段与密码域

（1）将光标置入图 10-15 所示的单元格，单击"插入"面板"表单"选项卡中的"文本字段"按钮▢，在单元格中插入文本字段，如图 10-16 所示。

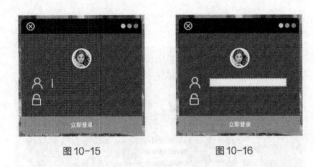

图 10-15　　　　　　　　图 10-16

（2）选中文本字段，在"属性"面板中，将"字符宽度"选项设为"20"，如图 10-17 所示。效果如图 10-18 所示。

图 10-17　　　　　　　　　　　　　　　　　图 10-18

（3）将光标置入图 10-19 所示的单元格，单击"插入"面板"表单"选项卡中的"文本字段"按钮▢，在单元格中插入文本字段，如图 10-20 所示。

图 10-19　　　　　　　　图 10-20

（4）选中文本字段，在"属性"面板中，将"字符宽度"选项设为"21"，选中"类型"选项组中的"密码"单选按钮，如图 10-21 所示，效果如图 10-22 所示。

图 10-21

图 10-22

（5）保存文档，按 F12 键预览效果，如图 10-23 所示。

图 10-23

10.1.2　创建表单

在文档中插入表单的具体操作步骤如下。

（1）在文档窗口中，将光标放在需要插入表单的位置。

（2）选择"表单"命令，文档窗口中出现一个红色的虚轮廓线用来指示表单域，如图 10-24 所示。

选择"表单"命令有以下几种方法。

图 10-24

● 单击"插入"面板"表单"选项卡中的"表单"按钮▣，或直接拖曳"表单"按钮▣到文档中。

● 选择"插入 > 表单 > 表单"命令。

　　一个页面中包含多个表单，每一个表单都是用<form>和</form>标签来标记的。在插入表单后，如果没有看到表单的轮廓线，可选择"查看 > 可视化助理 > 不可见元素"命令来显示表单的轮廓线。

10.1.3 表单的属性

在文档窗口中选择表单，"属性"面板中出现图 10-25 所示的表单属性。

图 10-25

表单"属性"面板中各选项的作用如下。

● "表单 ID"选项。<form>标签的 name 参数，用于标记表单的名称，每个表单的名称都不能相同。命名表单后，用户就可以使用 JavaScript 或 VBScript 等脚本语言引用或控制该表单。

● "动作"选项。<form>标签的 action 参数，用于设置处理该表单数据的动态网页路径。用户可以在此选项中直接输入动态网页的完整路径，也可以单击选项右侧的"浏览文件"按钮 🗁，选择处理该表单数据的动态网页。

● "方法"选项。<form>标签的 method 参数，用于设置将表单数据传输到服务器的方法。可供选择的方法有 POST 方法和 GET 方法两种。POST 方法是在 HTTP 请求中嵌入表单数据，并将其传输到服务器，所以 POST 方法适合向服务器提交大量数据的情况；GET 方法是将值附加到请求的 URL 中，并将其传输到服务器，有 255 个字符的限制，所以适合向服务器提交少量数据的情况。通常，默认选择 POST 方法。

● "编码类型"选项。<form>标签的 enctype 参数，用于设置对提交给服务器处理的数据使用的 MIME 编码类型。MIME 编码类型默认设置为"application/x-www-form-urlencoded"，通常与 POST 方法协同使用。如果要创建文件上传域，则指定为"multipart/form-data MIME"类型。

● "目标"选项。<form>标签的 target 参数，用于设置一个窗口，在该窗口中显示处理表单后返回的数据。目标值有以下几种。

① "_blank"选项。表示在未命名的新浏览器窗口中打开要链接到的网页。

② "_parent"选项。表示在父级框架或包含该链接的框架窗口中打开链接网页。一般使用框架时才选用此选项。如果包含链接的框架不是嵌套的，则链接文件将加载到整个浏览器窗口中。

③ "_self"选项。默认选项，表示在当前窗口中打开要链接到的网页。

④ "_top"选项。表示在整个浏览器窗口中打开链接网页并删除所有框架。一般使用多级框架时才选用此选项。

● "类"选项。表示当前表单的样式，默认状态下为"无"。

　　　　一般不使用 GET 方法发送长表单，因为 URL 的长度被限制在 8192 个字符以内。如果发送的数据量太大，数据将被截断，从而导致意外的丢失或失败的处理结果。如果要收集用户名和密码、信用卡号或其他机密信息，POST 方法看起来似乎比 GET 方法更安全。但实际上由 POST 方法发送的信息是未被加密的，反而更容易被黑客获取。若要确保安全，则需要通过安全的链接与安全的服务器相连。

10.1.4　单行文本域

一般情况下，当用户输入较少的信息时，使用单行文本域接收；当用户输入较多的信息时，使用多行文本域接收；当用户输入密码等保密信息时，使用密码文本域接收。

1. 插入单行文本域

要在表单域中插入单行文本域，先将光标放在表单轮廓内需要插入单行文本域的位置，然后插入单行文本域，如图 10-26 所示。

图 10-26

插入单行文本域有以下几种方法。

● 单击"插入"面板"表单"选项卡中的"文本字段"按钮，文档窗口的表单中将出现一个单行文本域。

● 选择"插入 > 表单 > 文本域"命令，文档窗口的表单中将出现一个单行文本域。

"属性"面板中会显示单行文本域的属性，如图 10-27 所示。用户可根据需要设置该单行文本域的各项属性。

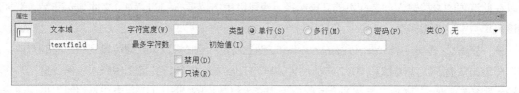

图 10-27

2. 插入多行文本域

若要在表单域中插入多行文本域，先将光标放在表单轮廓内需要插入多行文本域的位置，然后插入多行文本域，如图 10-28 所示。

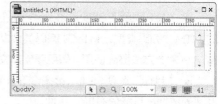

图 10-28

插入多行文本域有以下几种方法。

● 单击"插入"面板"表单"选项卡中的"文本区域"按钮，文档窗口的表单中将出现一个多行文本域。

● 选择"插入 > 表单 > 文本区域"命令，文档窗口的表单中将出现一个多行文本域。

"属性"面板中会显示多行文本域的属性，如图 10-29 所示。用户可根据需要设置该多行文本域的各项属性。

图 10-29

3. 插入密码文本域

若要在表单域中插入密码文本域，只需在表单轮廓内插入一个单行或多行文本域，如图 10-30 所示。

插入密码文本域有以下几种方法。

● 单击"插入"面板"表单"选项卡中的"文本字段"按钮或"文本区域"按钮，在文档窗口的表单中将出现一个单行或多行文本域。

● 选择"插入 > 表单 > 文本域"或"文本区域"命令，在文档窗口的表单中将出现一个单行或多行文本域。

在"属性"面板的"类型"选项组中选中"密码"单选按钮。此时，多行文本域或单行文本域就变成了密码文本域，如图 10-31 所示。

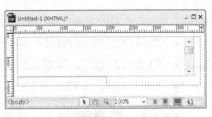

图 10-30

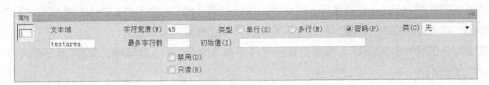

图 10-31

4. 文本域属性

选中表单中的文本域，"属性"面板中出现该文本域的属性。当插入的是单行或密码文本域时，"属性"面板如图 10-32 所示；当插入的是多行文本域时，"属性"面板如图 10-33 所示。"属性"面板中各选项的作用如下。

图 10-32

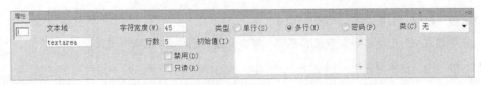

图 10-33

● "文本域"选项。用于标记该文本域的名称，每个文本域的名称都不能相同。它相当于表单中的一个变量名，服务器通过这个变量名来处理用户在该文本域中输入的值。

● "字符宽度"选项。设置文本域中最多可显示的字符数。当设置"字符宽度"选项后，若是多行文本域，标签中会增加 cols 属性，否则标签增加 size 属性。如果用户的输入超过字符宽度，则超出的字符将不会被表单指定的处理程序接收。

● "最多字符数"选项。设置单行、密码文本域中最多可输入的字符数。当设置"最多字符数"选项后，标签增加 maxlength 属性。如果用户的输入超过最大字符数，则表单发出警告信息。

● "类型"选项组。设置域文本的类型，可在单行、多行或密码 3 个类型中任选 1 个。

● "单行"选项。将产生一个<input>标签，它的 type 属性为 text，这表示此文本域为单行文本域。

● "多行"选项。将产生一个<textarea>标签，这表示此文本域为多行文本域。

● "密码"选项。将产生一个<input>标签，它的 type 属性为 password，这表示此文本域为密码文本域，即在此文本域中接收的数据均以"*"显示，以保护它不被其他人看到。

- "行数"选项。设置文本域的域高度，设置后标签中会增加 rows 属性。
- "初始值"选项。设置文本域的初始值，即在首次载入表单时文本域中显示的值。
- "类"选项。将 CSS 规则应用于文本域对象。

10.1.5　隐藏域

隐藏域在网页中不显示，只是将一些必要的信息存储并提交给服务器。插入隐藏域的操作类似于在高级语言中定义和初始化变量，对于初学者而言，不建议使用隐藏域。

若要在表单域中插入隐藏域，先将光标放在表单轮廓内需要插入隐藏域的位置，然后插入隐藏域，如图 10-34 所示。

插入隐藏域有以下几种方法。

- 单击"插入"面板"表单"选项卡中的"隐藏域"按钮 ，在文档窗口的表单中将出现一个隐藏域。
- 选择"插入 > 表单 > 隐藏域"命令，在文档窗口的表单中将出现一个隐藏域。

"属性"面板中会显示隐藏域的属性，如图 10-35 所示。用户可以根据需要设置该隐藏域的各项属性。

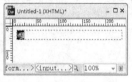
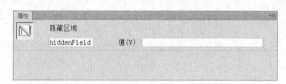

图 10-34　　　　　　　　　　　　　　　　　　图 10-35

隐藏域"属性"面板中各选项的作用如下。

- "隐藏区域"选项。设置变量的名称，每个变量的名称必须是唯一的。
- "值"选项。设置变量的值。

10.2　应用复选框和单选按钮

若要从一组选项中选择一个选项，设计时使用单选按钮；若要从一组选项中选择多个选项，设计时使用复选框。

　当使用单选按钮时，每一组单选按钮必须具有相同的名称。

10.2.1　课堂案例——人力资源网页

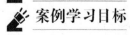　**案例学习目标**

使用"表单"按钮为页面添加单选按钮和复选框。

案例知识要点

使用"单选按钮"按钮插入单选按钮；使用"复选框"按钮插入复选框。

效果所在位置

云盘中的"Ch10 > 效果 > 人力资源网页 > index.html"，如图 10-36 所示。

图 10-36

扫码观看
本案例视频

扫码观看扩展案例

1. 插入单选按钮

（1）选择"文件 > 打开"命令，在弹出的"打开"对话框中，选择云盘中的"Ch10 > 素材 > 人力资源网页 > index.html"文件，单击"打开"按钮打开文件，如图 10-37 所示。将光标置入"注册类型"右侧的单元格，如图 10-38 所示。

图 10-37

图 10-38

（2）单击"插入"面板"表单"选项卡中的"单选按钮"按钮 ◉，在光标所在位置插入一个单选按钮，效果如图 10-39 所示。保持单选按钮的选中状态，在"属性"面板中选中"初始状态"选项组中的"已勾选"单选按钮，效果如图 10-40 所示。将光标置入单选按钮的右侧，输入文字"个人注册"，如图 10-41 所示。

图 10-39   图 10-40   图 10-41

（3）选中刚插入的单选按钮，按 Ctrl+C 组合键，将其复制到剪贴板中。将光标置入文字"个人注册"的右侧，如图 10-42 所示。按 Ctrl+V 组合键，将剪贴板中的单选按钮粘贴到光标所在位置，效果如图 10-43 所示。

（4）选中文字"个人注册"右侧的单选按钮，在"属性"面板中选中"初始状态"选项组中的"未选中"单选按钮，效果如图 10-44 所示。将光标置入右侧单选按钮的后面，输入文字"企业注册"，如图 10-45 所示。

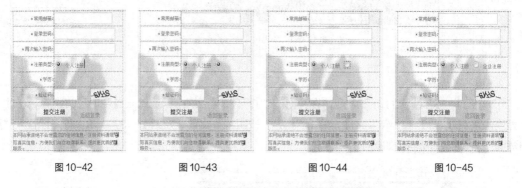

图 10-42   图 10-43   图 10-44   图 10-45

2. 插入复选框

（1）将光标置入"学历"右侧的单元格，如图 10-46 所示。单击"插入"面板"表单"选项卡中的"复选框"按钮 ☑，在单元格中插入一个复选框，效果如图 10-47 所示。在复选框的右侧输入文字"研究生"，如图 10-48 所示。用相同的方法再次插入多个复选框，并分别输入文字，效果如图 10-49 所示。

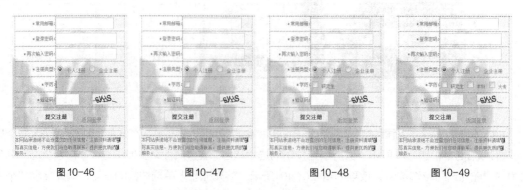

图 10-46   图 10-47   图 10-48   图 10-49

（2）保存文档，按 F12 键预览效果，如图 10-50 所示。

图 10-50

10.2.2　单选按钮

为了让单选按钮的布局更加合理，设计时通常采用逐个插入单选按钮的方式。若要在表单域中插入单选按钮，先将光标放在表单轮廓内需要插入单选按钮的位置，然后插入单选按钮，如图 10-51 所示。

图 10-51

插入单选按钮有以下几种方法。

● 单击"插入"面板"表单"选项卡中的"单选按钮"按钮 ⊙，文档窗口的表单中将出现一个单选按钮。

选择"插入 > 表单 > 单选按钮"命令，文档窗口的表单中将出现一个单选按钮。

"属性"面板中会显示单选按钮的属性，如图 10-52 所示。可以根据需要设置该单选按钮的各项属性。

图 10-52

单选按钮"属性"面板中各选项的作用如下。

● "单选按钮"选项。用于输入该单选按钮的名称。

● "选定值"选项。设置此单选按钮代表的值，一般为字符型数据，即当选中该单选按钮时，表单指定的处理程序获得的值。

● "初始状态"选项组。设置该单选按钮的初始状态。即当浏览器中载入表单时，该单选按钮是否处于被选中的状态。一组单选按钮中只能有一个按钮的初始状态被选中。

● "类"选项。将 CSS 规则应用于单选按钮。

10.2.3　单选按钮组

先将光标放在表单轮廓内需要插入单选按钮组的位置，然后打开"单选按钮组"对话框，如图 10-53 所示。

打开"单选按钮组"对话框有以下几种方法。

- 单击"插入"面板"表单"选项卡中的"单选按钮组"按钮 📳 。
- 选择"插入 > 表单 > 单选按钮组"命令。

"单选按钮组"对话框中的选项作用如下。

- "名称"选项。用于输入该单选按钮组的名称，每个单选按钮组的名称都不能相同。
- ➕ "加号"和 ➖ "减号"按钮。用于向单选按钮组内添加或删除单选按钮。
- 🔼 "向上"和 🔽 "向下"按钮。用于重新排序单选按钮。
- "标签"选项。设置单选按钮右侧的提示信息。
- "值"选项。设置此单选按钮代表的值，一般为字符型数据，即当用户选中该单选按钮时，表单指定的处理程序获得的值。
- "换行符"或"表格"选项。使用换行符或表格来设置这些按钮的布局方式。

根据需要设置该按钮组的每个选项，单击"确定"按钮，在文档窗口的表单中出现单选按钮组，如图 10-54 所示。

图 10-53

图 10-54

10.2.4 复选框

为了使复选框的布局更加合理，设计时通常采用逐个插入复选框的方式。若要在表单域中插入复选框，应先将光标放在表单轮廓内需要插入复选框的位置，然后插入复选框，如图 10-55 所示。

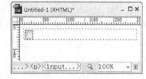

图 10-55

插入复选框有以下几种方法。

- 单击"插入"面板"表单"选项卡中的"复选框"按钮 ☑ ，文档窗口的表单中将出现一个复选框。
- 选择"插入 > 表单 > 复选框"命令，文档窗口的表单中将出现一个复选框。

"属性"面板中会显示复选框的属性，如图 10-56 所示。可以根据需要设置该复选框的各项属性。

图 10-56

"属性"面板中各选项的作用如下。

● "复选框名称"选项。用于输入该复选框组的名称。一组复选框中每个复选框的名称相同。

● "选定值"选项。设置此复选框代表的值，一般为字符型数据，即当勾选该复选框时，表单指定的处理程序获得的值。

● "初始状态"选项组。设置该复选框的初始状态，即当浏览器中载入表单时，该复选框是否处于被选中的状态。一组复选框中可以有多个按钮的初始状态为被选中。

● "类"选项。将 CSS 规则应用于复选框。

10.3 创建列表和菜单

在表单中有两种类型的菜单，一种是下拉菜单，一种是滚动列表，如图 10-57 所示，它们都包含一个或多个菜单列表选择项。当用户需要在预先设定的菜单列表选择项中选择一个或多个选项时，可使用"列表与菜单"功能创建下拉菜单或滚动列表。

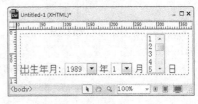

图 10-57

10.3.1 课堂案例——健康测试网页

案例学习目标

使用"表单"选项卡中的按钮插入列表。

案例知识要点

使用"文本字段"按钮插入文本域；使用"单选"按钮插入单选按钮；使用"列表/菜单"按钮插入列表。

效果所在位置

云盘中的"Ch10 > 效果 > 健康测试网页 > index.html"，如图 10-58 所示。

图 10-58

（1）选择"文件 > 打开"命令，在弹出的"打开"对话框中，选择云盘中的"Ch10 > 素材 >
健康测试网页 > index.html"文件，单击"打开"按钮打开文件，如图 10-59 所示。将光标置入
图 10-60 所示的位置。

图 10-59　　　　　　　　　　　　　图 10-60

（2）单击"插入"面板"表单"选项卡中的"文
本字段"按钮，在单元格中插入文本字段，如图 10-61
所示。

（3）选中文本字段，在"属性"面板中将"字符
宽度"选项设为"6"，"最多字符数"选项设为"6"，
如图 10-62 所示，效果如图 10-63 所示。

图 10-61

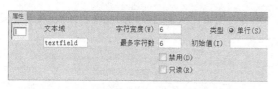

图 10-62　　　　　　　　　　　　　图 10-63

（4）将光标置入图 10-64 所示的位置。单击"插入"面板"表单"选项卡中的"选择（列表/
菜单）"按钮，在单元格中插入下拉菜单，如图 10-65 所示。

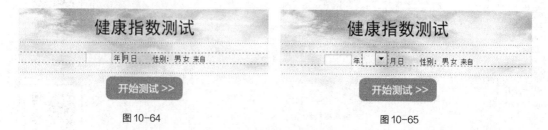

图 10-64　　　　　　　　　　　　　图 10-65

（5）选中下拉菜单，在"属性"面板中单击"列表值"按钮，在弹出的"列表值"对话框中进行
设置，如图 10-66 所示。单击"确定"按钮，完成列表值的设置。在"属性"面板中进行设置，如
图 10-67 所示，效果如图 10-68 所示。用相同的方法制作出图 10-69 所示的效果。

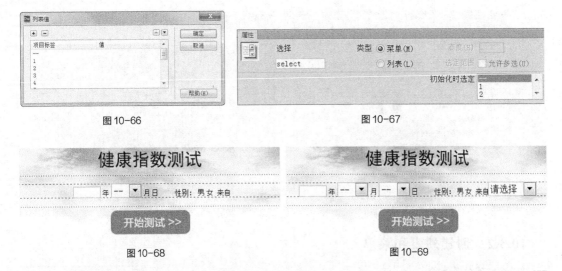

图 10-66　　　　　　　　　　　　　　图 10-67

图 10-68　　　　　　　　　　　　　　图 10-69

（6）将光标置入图 10-70 所示的位置，单击"插入"面板"表单"选项卡中的"单选"按钮⊙，在单元格中插入单选按钮，如图 10-71 所示。选中单选按钮，按 Ctrl+C 组合键，将其复制。在"属性"面板"初始状态"选项组中选中"已勾选"单选按钮，如图 10-72 所示，效果如图 10-73 所示。

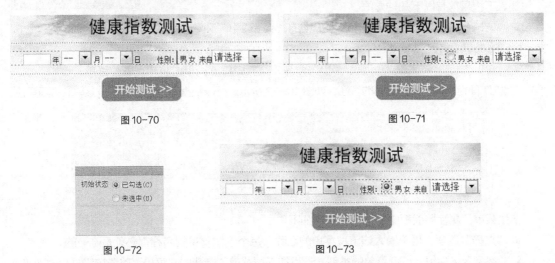

图 10-70　　　　　　　　　　　　　　图 10-71

图 10-72　　　　　　　　　　　　　　图 10-73

（7）将光标置入图 10-74 所示的位置，按 Ctrl+V 组合键，将复制的单选按钮粘贴到光标所在的位置，如图 10-75 所示。

图 10-74　　　　　　　　　　　　　　图 10-75

（8）保存文档，按 F12 键预览效果，如图 10-76 所示。单击"来自"选项右侧的下拉菜单，可以选择任意选项，如图 10-77 所示。

图 10-76   图 10-77

10.3.2　创建列表和菜单

1. 插入下拉菜单

若要在表单域中插入下拉菜单，先将光标放在表单轮廓内需要插入菜单的位置，然后插入下拉菜单，如图 10-78 所示。

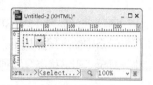

图 10-78

插入下拉菜单有以下几种方法。

- 单击"插入"面板"表单"选项卡中的"列表/菜单"按钮，文档窗口的表单中将出现下拉菜单。

- 选择"插入 > 表单 > 列表/菜单"命令，文档窗口的表单中将出现下拉菜单。

"属性"面板中显示下拉菜单的属性，如图 10-79 所示。可以根据需要设置该下拉菜单的各项属性。

图 10-79

下拉菜单"属性"面板中各选项的作用如下。

- "选择"选项。用于输入该下拉菜单的名称。每个下拉菜单的名称都必须是唯一的。

- "类型"选项组。设置菜单的类型。若添加下拉菜单，则选中"菜单"单选按钮；若添加可滚动列表，则选中"列表"单选按钮。

- "列表值"按钮。单击此按钮，弹出一个图 10-80 所示的"列表值"对话框，在该对话框中单击"加号"按钮 ➕ 或"减号"按钮 ➖ 在下拉菜单中添加或删除列表项。菜单项在列表中出现的顺序与在"列表值"对话框中出现的顺序一致。在浏览器载入页面时，列表中的第一个选项是默认选项。

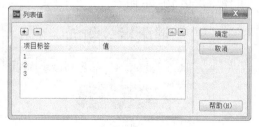

图 10-80

- "初始化时选定"选项。设置下拉菜单中默认选择的菜单项。

- "类"选项。将 CSS 规则应用于复选框。

图 10-81

2. 插入滚动列表

若要在表单域中插入滚动列表,先将光标放在表单轮廓内需要插入滚动列表的位置,然后插入滚动列表,如图 10-81 所示。

插入滚动列表有以下几种方法。

- 单击"插入"面板"表单"选项卡的"列表/菜单"按钮▦,文档窗口的表单中将出现滚动列表。

- 选择"插入 > 表单 > 列表/菜单"命令,文档窗口的表单中将出现滚动列表。

"属性"面板中会显示滚动列表的属性,如图 10-82 所示。可以根据需要设置该滚动列表各项属性。

图 10-82

滚动列表"属性"面板中各选项的作用如下。

- "选择"选项。用于输入该滚动列表的名称。每个滚动列表的名称都必须是唯一的。

- "类型"选项组。设置菜单的类型。若添加下拉菜单,则选中"菜单"单选按钮;若添加滚动列表,则选中"列表"单选按钮。

- "高度"选项。设置滚动列表的高度,即列表中一次最多可显示的项目数。

- "选定范围"选项。设置用户是否可以从列表中选择多个项目。

- "初始化时选定"选项。设置滚动列表中默认选择的菜单项。若在"选定范围"选项中勾选"允许多选"复选框,则可在按住 Ctrl 键的同时单击勾选"初始化时选定"域中的一个或多个初始化选项。

- "列表值"按钮。单击此按钮,弹出一个图 10-83 所示的"列表值"对话框,在该对话框中单击"加号"按钮╋或"减号"按钮━在下拉菜单中添加或删除列表项。菜单项在列表中出现的顺序与在"列表值"对话框中出现的顺序一致。在浏览器中载入页面时,列表中的第一个选项是默认选项。

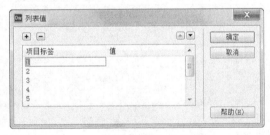

图 10-83

10.3.3 创建跳转菜单

利用跳转菜单,设计者可将某个网页的 URL 地址与菜单列表中的选项建立关联。当用户浏览网页时,只要从跳转菜单列表中选择一个菜单项,就会打开相关联的网页。

在网页中插入跳转菜单的具体操作步骤如下。

(1)将光标放在表单轮廓内需要插入跳转菜单的位置。

(2)选择"插入跳转菜单"命令,弹出"插入跳转菜单"对话框,如图 10-84 所示。

弹出"插入跳转菜单"对话框有以下几种方法。

- 在"插入"面板"表单"选项卡中单击"跳转菜单"按钮▨。

- 选择"插入 > 表单 > 跳转菜单"命令。

"插入跳转菜单"对话框中各选项的作用如下。

图 10-84

● "加号"按钮➕和"减号"按钮➖。添加或删除菜单项。

● "向上"按钮🔺和"向下"按钮🔻。在菜单项列表中移动当前菜单项，设置该菜单项在菜单列表中的位置。

● "菜单项"选项。显示所有菜单项。

● "文本"选项。设置当前菜单项的显示文字，它会出现在菜单列表中。

● "选择时，转到 URL"选项。为当前菜单项设置浏览者单击它时要打开的网页地址。

● "打开 URL 于"选项。设置打开浏览网页的窗口，包括"主窗口"和"框架"两个选项。"主窗口"选项表示在同一个窗口中打开文件，"框架"选项表示在所选中的框架中打开文件，但选择"框架"选项前应先给框架命名。

● "菜单 ID"选项。设置菜单的名称，每个菜单的名称都不能相同。

● "菜单之后插入前往按钮"选项。设置在菜单后是否添加"前往"按钮。

● "更改 URL 后选择第一个项目"选项。设置浏览者通过跳转菜单打开网页后，该菜单项是否是第一个菜单项目。

在对话框中进行设置，如图 10-85 所示，单击"确定"按钮完成设置，效果如图 10-86 所示。

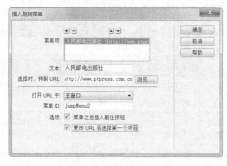

图 10-85

图 10-86

（3）保存文档，在 IE 浏览器中单击"前往"按钮，网页就可以跳转到其关联的网页上，效果如图 10-87 所示。

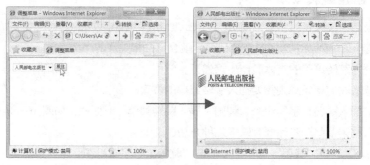

图 10-87

10.3.4 课堂案例——OA 登录系统页面

案例学习目标

使用"表单"选项卡为网页添加文本字段和按钮。

案例知识要点

使用"文本字段"按钮插入文本字段；使用"按钮"按钮插入按钮。

效果所在位置

云盘中的"Ch10 > 效果 > OA 登录系统页面 > index.html"，如图 10-88 所示。

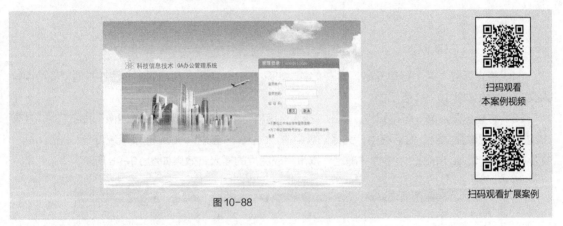

扫码观看
本案例视频

扫码观看扩展案例

图 10-88

1. 插入表单和表格

（1）选择"文件 > 打开"命令，在弹出的"打开"对话框中，选择云盘中的"Ch10 > 素材 > OA 登录系统页面 > index.html"文件，单击"打开"按钮打开文件，效果如图 10-89 所示。

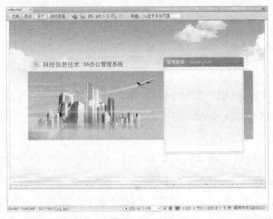

图 10-89

（2）将光标置入图 10-90 所示的单元格。单击"插入"面板"表单"选项卡中的"表单"按钮，在单元格中插入表单，如图 10-91 所示。

（3）单击"插入"面板"常用"选项卡中的"表格"按钮，在弹出的"表格"对话框中将"行数"选项设为"6"，"列"选项设为"1"，"表格宽度"选项设为"250"，在右侧的下拉列表中选择"像素"，"边框粗细""单元格边距"和"单元格间距"选项均设为"0"，单击"确定"按钮，插入表格。保持表格的选中状态，在"属性"面板"对齐"选项的下拉列表中选择"居中对齐"选项，效果如图 10-92 所示。

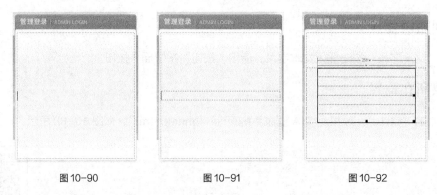

图 10-90　　　　　　　　　　图 10-91　　　　　　　　　　图 10-92

（4）将光标置入第 1 行单元格，输入文字，如图 10-93 所示。用相同的方法在其他单元格中输入文字，效果如图 10-94 所示。

（5）将光标置入第 5 行单元格，单击"插入"面板"常用"选项卡中的"图像"按钮，在弹出的"选择图像源文件"对话框中，选择云盘中的"Ch10 > 素材 > OA 登录系统页面 > images"文件夹中的"img_14.jpg"，单击"确定"按钮完成图片的插入，效果如图 10-95 所示。

图 10-93　　　　　　　　　　图 10-94　　　　　　　　　　图 10-95

2．插入文本字段

（1）将光标置入第 1 行单元格，如图 10-96 所示。单击"插入"面板"表单"选项卡中的"文本字段"按钮，在单元格中插入文本字段。选中文本字段，在"属性"面板中，将"字符宽度"选项设为"15"，效果如图 10-97 所示。

（2）用相同的方法在其他单元格中插入文本字段，设置适当的字符宽度，效果如图 10-98 所示。

3．插入提交与取消按钮

（1）将光标置入第 4 行单元格，在"属性"面板"水平"选项的下拉列表中选择"居中对齐"选项。单击"插入"面板"表单"选项卡中的"按钮"按钮，在单元格中插入按钮，如图 10-99 所示。

（2）将光标置入"提交"按钮的右侧，如图 10-100 所示。按两次空格键，单击"插入"面板"表单"选项卡中的"按钮"按钮，在单元格中插入按钮，如图 10-101 所示。

图 10-96	图 10-97	图 10-98
图 10-99	图 10-100	图 10-101

（3）保持按钮的选中状态，在"属性"面板"值"选项右侧的文本框中输入"取消"，"动作"选项组中选中"重设表单"单选按钮，如图 10-102 所示，效果如图 10-103 所示。

图 10-102

图 10-103

（4）保存文档，按 F12 键预览效果，如图 10-104 所示。

图 10-104

10.3.5 创建文件域

如果想在网页中实现上传文件的功能，需要在表单中插入文件域。文件域的外观与其他文本域类似，只是文件域还包含一个"浏览"按钮，如图 10–105 所示。用户浏览时可以手动输入要上传的文件路径，也可以使用"浏览"按钮定位并选择该文件。

> 文件域要求使用 POST 方法将文件从浏览器传输到服务器上，该文件发送到服务器的地址由表单的"操作"文本框所指定。

若要在表单域中插入文件域，先将光标放在表单轮廓内需要插入文件域的位置，然后插入文件域，如图 10–106 所示。

图 10-105

图 10-106

插入文件域有以下几种方法。

● 将光标置于单元格中，单击"插入"面板"表单"选项卡中的"文件域"按钮，文档窗口中的单元格中将出现一个文件域。

● 选择"插入 > 表单 > 文件域"命令，文档窗口的表单中将出现一个文件域。

"属性"面板中会显示文件域的属性，如图 10–107 所示。可以根据需要设置该文件域的各项属性。

图 10-107

文件域"属性"面板各选项的作用如下。

● "文件域名称"选项。设置文件域对象的名称。

● "字符宽度"选项。设置文件域中最多可输入的字符数。

● "最多字符数"选项。设置文件域中最多可容纳的字符数。如果用户通过"浏览"按钮来定位文件，则文件名和路径可超过指定的"最多字符数"的值。但是，如果用户手工输入文件名和路径，则文件域仅允许键入"最多字符数"值所指定的字符数。

● "类"选项。将 CSS 规则应用于文件域。

在使用文件域之前，要与服务器管理员联系，确认允许使用匿名文件上传，否则此选项无效。

10.3.6　创建图像域

插入图像按钮的具体操作步骤如下。

（1）将光标放在表单轮廓内需要插入按钮的位置。

（2）打开"选择图像源文件"对话框，选择作为按钮的图像文件，如图 10-108 所示。

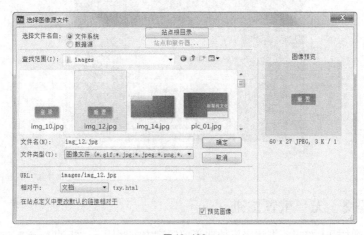

图 10-108

打开"选择图像源文件"对话框有以下几种方法。

● 单击"插入"面板"表单"选项卡中的"图像域"按钮 ▣。

● 选择"插入 > 表单 > 图像域"命令。

（3）在"属性"面板中出现图 10-109 所示的图像按钮的属性，可以根据需要设置该图像按钮的各项属性。

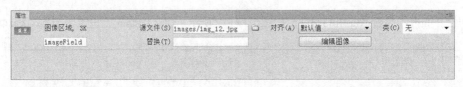

图 10-109

图像按钮"属性"面板中各选项的作用如下。

● "图像区域"选项。为图像按钮指定一个名称。"提交"和"重置"是两个保留名称，"提交"是通知表单将表单数据提交给处理程序或脚本，"重置"是将所有表单域重置为其原始值。

● "源文件"选项。设置按钮使用的图像。

● "替换"选项。用于输入描述性文本，一旦图像在浏览器中载入失败，将在图像域的位置显示文本。

● "对齐"选项。设置对象的对齐方式。

- "编辑图像"按钮。启动默认的图像编辑器并打开该图像文件进行编辑。
- "类"选项。将 CSS 规则应用于图像域。

（4）若要将某个 JavaScript 行为附加到该按钮上，则选择该图像，然后在"行为"面板中选择相应的行为。

（5）完成设置后保存并预览网页，效果如图 10-110 所示。

图 10-110

10.3.7 提交、无、重置按钮

若要在表单域中插入按钮，先将光标放在表单轮廓内需要插入按钮的位置，然后插入按钮，如图 10-111 所示。

插入按钮有以下几种方法。

图 10-111

- 单击"插入"面板"表单"选项卡中的"按钮"按钮□，文档窗口的表单中将出现一个按钮。
- 选择"插入 > 表单 > 按钮"命令，文档窗口的表单中将出现一个按钮。

"属性"面板中会显示按钮的属性，如图 10-112 所示。可以根据需要设置该按钮的各项属性。

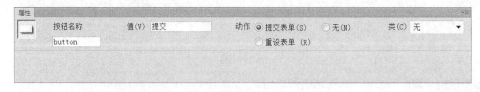

图 10-112

按钮"属性"面板各选项的作用如下。

- "按钮名称"选项。用于设置该按钮的名称，每个按钮的名称都不能相同。
- "值"选项。设置按钮上显示的文本。
- "动作"选项组。设置用户单击按钮时将发生的操作。该组有以下 3 个选项。

① "提交表单"选项。当用户单击按钮时，将表单数据提交到表单指定的处理程序进行处理。

② "重设表单"选项。当用户单击按钮时,将表单域内的各对象值还原为初始值。

③ "无"选项。当用户单击按钮时,选择不为该按钮附加行为或脚本。

● "类"选项。将 CSS 规则应用于按钮。

10.4 课堂练习——创新生活网页

🔗 练习知识要点

使用"CSS 样式"命令设置文字的大小和行距的显示;使用"单选"按钮制作单选题;使用"图像域"按钮插入图像域。

◎ 素材所在位置

云盘中的"Ch10 > 素材 > 创新生活网页 > images"。

◎ 效果所在位置

云盘中的"Ch10 > 效果 > 创新生活网页 > index.html",如图 10-113 所示。

图 10-113

扫码观看
本案例视频

10.5 课后习题——房屋评估网页

🔗 习题知识要点

使用"文本字段"按钮插入文本字段;使用"图像域"按钮插入图像域;使用"单选按钮"按钮插入单选按钮。

素材所在位置

云盘中的"Ch10 > 素材 ＞ 房屋评估网页 ＞ images"。

效果所在位置

云盘中的"Ch10 ＞ 效果 ＞ 房屋评估网页 ＞ index.html"，如图 10-114 所示。

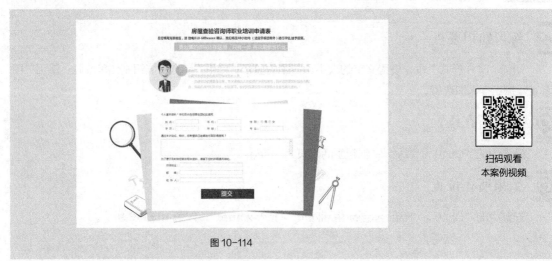

图 10-114

扫码观看
本案例视频

11

第 11 章
使用行为

本章介绍

Dreamweaver CS6 的行为是将内置的 JavaScript 代码放置在文档中，以实现 Web 页的动态效果。本章将介绍如何使用行为并为其应用相应的事件来实现网页的动态、交互效果。

学习目标

✔ 掌握行为面板的使用方法
✔ 掌握 JavaScript、打开浏览器窗口和转到 URL 的创建方法
✔ 掌握检查插件、检查表单和交换图像的创建方法
✔ 掌握显示隐藏层、跳转菜单的方法
✔ 掌握容器的文本、状态栏文本、框架文本和文本域文字的设置方法

技能目标

✔ 掌握 "婚戒网页" 的制作方法
✔ 掌握 "全麦面包网页" 的制作方法
✔ 掌握 "清凉啤酒网页" 的制作方法

11.1 行为

行为可理解成在网页中选择的一系列动作，用于实现用户与网页间的交互。行为代码是 Dreamweaver CS6 提供的内置代码，运行于客户端的浏览器中。

11.1.1 "行为"面板

使用"行为"面板，用户可以方便地为网页元素指定动作和事件。在文档窗口中，选择"窗口 > 行为"命令，或按 Shift+F4 组合键，弹出"行为"面板，如图 11-1 所示。

"行为"面板由以下几部分组成。

● "添加行为"按钮 ＋。单击该按钮，弹出动作菜单，即可添加行为。添加行为时，从动作菜单中选择一个行为即可。

● "删除事件"按钮 －。在面板中删除所选的事件和动作。

● "增加事件值"按钮 ▲、"降低事件值"按钮 ▼。在面板中上、下移

图 11-1

动所选择的动作来调整动作的顺序。在"行为"面板中，所有事件和动作按照它们在面板中的显示顺序实现，设计时要根据实际情况调整动作的顺序。

11.1.2 应用行为

1. 将行为附加到网页元素上

（1）在文档窗口中选择一个元素，如一个图像或一个链接。若要将行为附加到整个网页，则要单击文档窗口左下侧的标签选择器中的<body>标签。

（2）选择"窗口 > 行为"命令，弹出"行为"面板。

（3）单击"添加行为"按钮 ＋，并在弹出的菜单中选择一个动作，如图 11-2 所示。弹出相应的参数设置对话框，在其中进行设置后，单击"确定"按钮。

（4）在"行为"面板的"事件"列表中显示动作的默认事件，单击该事件，会出现下拉按钮 ▼，单击 ▼ 按钮，弹出包含全部事件的事件列表，如图 11-3 所示。用户可根据需要选择相应的事件。

图 11-2

图 11-3

Dreamweaver CS6 提供的所有动作都可以用于 IE 4.0 或更高版本的浏览器中。某些动作不能用于较早版本的浏览器。

2. 将行为附加到文本上

将某个行为附加到所选的文本上，具体操作步骤如下。

（1）为文本添加一个空链接。

（2）选择"窗口 > 行为"命令，弹出"行为"面板。

（3）选中链接文本，单击"添加行为"按钮 **+**，从弹出的菜单中选择一个动作，如"弹出信息"动作，并在弹出的对话框中设置该动作的参数，如图 11-4 所示。

（4）在"行为"面板的"事件"列表中显示动作的默认事件，单击该事件，会出现下拉按钮 ▼，单击 ▼ 按钮，弹出包含全部事件的事件列表，如图 11-5 所示。用户可根据需要选择相应的事件。

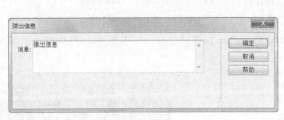

图 11-4

图 11-5

11.2 动作

动作是系统预先定义好的选择指定任务的代码。因此，用户需要了解系统所提供的动作，掌握每个动作的功能以及实现这些功能的方法。下面将介绍常用的动作。

所有动作的使用都在"行为"面板中进行，打开"行为"面板有以下几种方法。

● 选择"窗口 > 行为"命令。

● 按 Shift+F4 组合键。

11.2.1 课堂案例——婚戒网页

案例学习目标

使用"行为"面板设置打开浏览器内容。

案例知识要点

使用"打开浏览器窗口"命令设置打开浏览器。

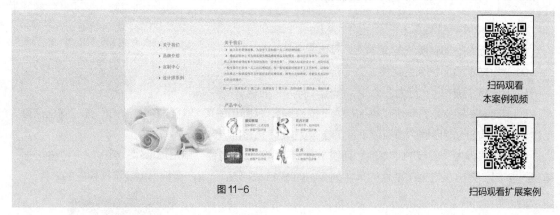

扫码观看
本案例视频

扫码观看扩展案例

图 11-6

云盘中的"Ch11 > 效果 > 婚戒网页 > index.html"，如图 11-6 所示。

1. 在网页中显示指定大小的弹出窗口

（1）选择"文件 > 打开"命令，在弹出的"打开"对话框中，选择云盘中的"Ch11 > 素材 > 婚戒网页 > index.html"文件，单击"打开"按钮打开文件，如图 11-7 所示。

（2）单击窗口下方"标签选择器"中的<body>标签，如图 11-8 所示。选中整个网页文档，如图 11-9 所示。

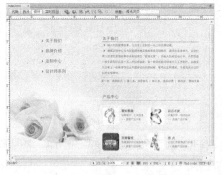

图 11-7

图 11-8

图 11-9

（3）按 Shift+F4 组合键，弹出"行为"面板，如图 11-10 所示。单击面板中的"添加行为"按钮 ，在弹出的菜单中选择"打开浏览器窗口"命令，弹出"打开浏览器窗口"对话框，如图 11-11 所示。

图 11-10

图 11-11

（4）单击"要显示的 URL"选项右侧的"浏览"按钮，在弹出的"选择文件"对话框中，选择云盘中的"Ch11 > 素材 > 婚戒网页"文件夹中的"ziye.html"文件，如图 11-12 所示。

图 11-12

（5）单击"确定"按钮，返回到"打开浏览器窗口"对话框中，其他选项的设置如图 11-13 所示。单击"确定"按钮，"行为"面板如图 11-14 所示。

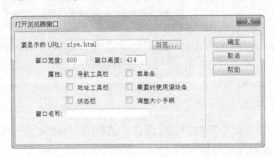

图 11-13

图 11-14

（6）保存文档，按 F12 键预览效果，加载网页文档的同时会弹出窗口，如图 11-15 所示。

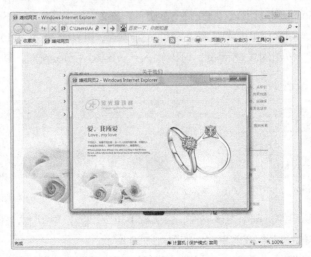

图 11-15

2. 添加导航条和菜单栏

（1）返回到 Dreamweaver CS6 界面中，双击动作"打开浏览器窗口"，弹出"打开浏览器窗口"对话框，勾选"导航工具栏"和"菜单条"复选框，如图 11-16 所示。单击"确定"按钮完成设置。

（2）保存文档，按 F12 键预览效果，在弹出的窗口中显示所选的导航条和菜单栏，如图 11-17 所示。

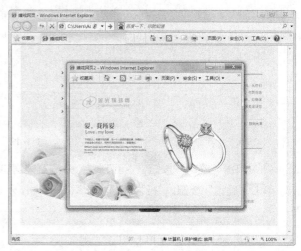

图 11-16   图 11-17

11.2.2 调用 JavaScript

"调用 JavaScript"动作的功能是当发生某个事件时选择自定义函数或 JavaScript 代码行。

使用"调用 JavaScript"动作的具体操作步骤如下。

（1）选择一个网页元素对象，如"刷新"按钮，如图 11-18 所示。打开"行为"面板。

（2）在"行为"面板中，单击"添加行为"按钮 **+**，从弹出的菜单中选择"调用 JavaScript"命令，弹出"调用 JavaScript"对话框，如图 11-19 所示。在文本框中输入 JavaScript 代码或用户想要触发的函数名。例如，当用户想单击"刷新"按钮时刷新网页，可以输入"window.location.reload()"；当用户想单击"关闭"按钮时关闭网页，可以输入"window.close()"。单击"确定"按钮完成设置。

图 11-18   图 11-19

（3）如果不是默认事件，则单击该事件，会出现下拉按钮 ▼，单击 ▼，弹出包含全部事件的事件列表，用户可根据需要选择相应的事件，如图 11-20 所示。

（4）按 F12 键浏览网页，当单击"关闭"按钮时，用户看到的效果如图 11-21 所示。

图 11-20

图 11-21

11.2.3　打开浏览器窗口

（1）打开一个网页文件，如图 11-22 所示。选择一张图片，如图 11-23 所示。

图 11-22

图 11-23

（2）在"行为"面板中单击"添加行为"按钮
，并从弹出的菜单中选择"打开浏览器窗口"命
令，弹出"打开浏览器窗口"对话框，在对话框中
根据需要设置相应参数，如图 11-24 所示。单击"确
定"按钮完成设置。

图 11-24

对话框中各选项的作用如下。

● "要显示的 URL"选项。必选项，用于设置
要显示网页的地址。

● "窗口宽度"和"窗口高度"选项。以像素为单位设置窗口的宽度和高度。

● "属性"选项组。根据需要选择下列复选框以设定窗口的外观。

①"导航工具栏"复选框。设置是否在浏览器顶部显示导航工具栏。导航工具栏包括"后退""前
进""主页""重新载入"等一组按钮。

②"地址工具栏"复选框。设置是否在浏览器顶部显示地址栏。

③"状态栏"复选框。设置是否在浏览器窗口底部显示状态栏，用以显示提示、状态等信息。

④ "菜单条"复选框。设置是否在浏览器顶部显示菜单，包括"文件""编辑""查看""转到""帮助"等菜单项。

⑤ "需要时使用滚动条"复选框。设置在浏览器的内容超出可视区域时，是否显示滚动条。

⑥ "调整大小手柄"复选框。设置是否能够调整窗口的大小。

⑦ "窗口名称"选项。输入新窗口的名称。因为要通过 JavaScript 使用链接指向新窗口或控制新窗口，所以应该对新窗口进行命名。

 如果不指定该窗口的任何属性，在打开时它的大小和属性与打开它的窗口相同。

（3）添加行为时，系统自动为用户选择了事件"onClick"，这里需要调整事件。单击该事件，会出现下拉按钮 ▼，单击 ▼，选择"onMouseOver（鼠标指针经过）"选项，"行为"面板中的事件立即改变，如图 11-25 所示。

（4）使用相同的方法，为其他图片添加行为。

（5）保存文档，按 F12 键浏览网页，当鼠标指针经过小图片时，会弹出一个窗口，显示大图片，如图 11-26 所示。

图 11-25

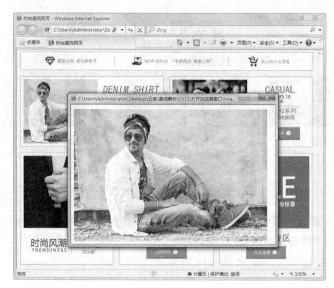

图 11-26

11.2.4 转到 URL

"转到 URL"动作的功能是在当前窗口或指定的框架中打开一个新的网页。此操作尤其适用于通过一次单击操作更改两个或多个框架的内容。

使用"转到 URL"动作的具体操作步骤如下。

（1）选择一个网页元素对象并打开"行为"面板。

（2）单击"添加行为"按钮 ✦，并从弹出的菜单中选择"转到 URL"命令，弹出"转到 URL"对话框，如图 11-27 所示。在对话框中根据需要设置相应选项，单击"确定"按钮完成设置。

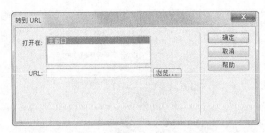

图 11-27

对话框中各选项的作用如下。

● "打开在"选项。列表自动列出当前框架集中所有框架的名称以及主窗口。如果没有任何框架，则主窗口是唯一的选项。

● "URL"选项。单击"浏览"按钮选择要打开的文档，或输入网页文件的地址。

（3）如果不是默认事件，则单击该事件，会出现下拉按钮 ▼，单击 ▼，弹出包含全部事件的事件列表，用户可根据需要选择相应的事件。

（4）按 F12 键浏览网页。

11.2.5　课堂案例——全麦面包网页

案例学习目标

使用"行为"设置浏览器并设置图像的预先载入效果。

案例知识要点

使用"交换图像"命令制作鼠标指针经过图像时发生变化的效果。

效果所在位置

云盘中的"Ch11 > 效果 > 全麦面包网页 > index.html"，如图 11-28 所示。

扫码观看
本案例视频

扫码观看扩展案例

图 11-28

（1）选择"文件 > 打开"命令，在弹出的"打开"对话框中，选择云盘中的"Ch11 > 素材 > 全麦面包网页 > index.html"文件，单击"打开"按钮打开文件，如图 11-29 所示。

图 11-29

（2）选中图 11-30 所示的图片，选择"窗口 > 行为"命令，弹出"行为"面板，单击面板中的"添加行为"按钮 ，在弹出的菜单中选择"交换图像"命令，弹出"交换图像"对话框，如图 11-31 所示。

图 11-30

图 11-31

（3）单击"设定原始档为"选项右侧的"浏览"按钮，在弹出的"选择图像源文件"对话框中选择在云盘中的"Ch11 > 素材 > 全麦面包网页> img_07.jpg"文件，如图 11-32 所示。单击"确定"按钮，返回到"交换图像"对话框中，如图 11-33 所示。

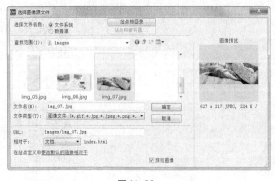

图 11-32

图 11-33

（4）单击"确定"按钮，"行为"面板如图 11-34 所示。

（5）保存文档，按 F12 键预览效果，如图 11-35 所示。当鼠标指针滑过图像，图像发生变化，如图 11-36 所示。

图 11-34   图 11-35

图 11-36

11.2.6 检查插件

"检查插件"动作的功能是判断用户是否安装了指定的插件，以决定是否将页面转到不同的页。
使用"检查插件"动作的具体操作步骤如下。

（1）选中一个网页元素对象并打开"行为"面板。

（2）在"行为"面板中单击"添加行为"按钮 ，并从弹出的菜单中选择"检查插件"命令，
弹出"检查插件"对话框，如图 11-37 所示。在对话框中根据需要设置相应选项，单击"确定"按钮
完成设置。

图 11-37

对话框中各选项的作用如下。

● "插件"选项组。设置插件对象，包括选择和输入插件名称两种方式。若选中"选择"单选按钮，则从其右侧的弹出下拉列表中选择一个插件；若选中"输入"单选按钮，则在其右侧的文本框中输入插件的确切名称。

● "如果有，转到 URL"选项。为具有该插件的浏览者指定一个网页地址。若要让具有该插件的浏览者停留在同一网页上，则将此选项空着。

● "否则，转到 URL"选项。为不具有该插件的浏览者指定一个替代网页地址。若要让具有和不具有该插件的浏览者停留在同一网页上，则将此选项空着。默认情况下，当不能实现检测时，网页将转到"否则，转到 URL"文本框中列出的 URL。

● "如果无法检测，则始终转到第一个 URL"选项。当不能实现检测时，想让网页跳转到"如果有，转到 URL"选项指定的网页，则勾选此复选框。通常，若插件内容对于用户的网页而言不是必要的，则保留此复选框的未选中状态。

（3）如果不是默认事件，则单击该事件，会出现下拉按钮 ▼，单击 ▼，弹出包含全部事件的事件列表，用户可根据需要选择相应的事件。

（4）按 F12 键浏览网页。

11.2.7　检查表单

"检查表单"动作的功能是检查指定文本域的内容以确保用户输入了正确的数据类型。若使用 onBlur 事件将"检查表单"动作分别附加到各文本域，则在用户填写表单时对域进行检查；若使用 onSubmit 事件将"检查表单"动作附加到表单，则在用户单击"提交"按钮时，同时对多个文本域进行检查。将"检查表单"动作附加到表单，能防止将表单中任何指定文本域内的无效数据提交到服务器。

使用"检查表单"动作的具体操作步骤如下。

（1）选中文档窗口下部的表单<form>标签，打开"行为"面板。

（2）在"行为"面板中单击"添加行为"按钮 +，
并从弹出的菜单中选择"检查表单"命令，弹出"检查表单"对话框，如图 11-38 所示。

对话框中各选项的作用如下。

● "域"选项。在列表框中选择表单内需要进行检查的对象。

● "值"选项。设置在"域"选项中选择的表单对象的值是否在用户浏览表单时必须设置。

● "可接受"选项组。设置"域"选项中选择的

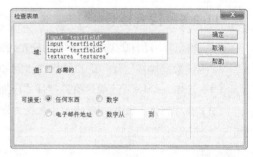

图 11-38

表单对象允许接受的值。允许接受的值包含以下 4 种类型。

① "任何东西"单选按钮。设置检查的表单对象中可以包含任何特定类型的数据。

② "电子邮件地址"单选按钮。设置检查的表单对象中可以包含一个"@"符号。

③ "数字"单选按钮。设置检查的表单对象中只包含数字。

④ "数字从…到…"单选按钮。设置检查的表单对象中只包含特定范围内的数字。

在对话框中根据需要设置相应选项，先在"域"选项中选择要检查的表单对象；然后在"值"选

项中设置是否必须检查该表单对象；再在"可接受"选项组中设置表单对象允许接受的值；最后单击"确定"按钮完成设置。

（3）如果不是默认事件，则单击该事件，会出现下拉按钮 ▼，单击 ▼，弹出包含全部事件的事件列表，用户可根据需要选择相应的事件。

（4）按 F12 键浏览网页。

在用户提交表单时，如果要检查多个表单对象，则 onSubmit 事件自动出现在"行为"面板控制的"事件"弹出菜单中。如果要分别检查各个表单对象，则检查默认事件是否是 onBlur 或 onChange 事件。当用户从要检查的表单对象移开鼠标指针时，这两个事件都触发"检查表单"动作。它们之间的区别是 onBlur 事件不管用户是否在该表单对象中输入内容都会发生，而 onChange 事件只有在用户更改了该表单对象的内容时才发生。当表单对象是必须检查的表单对象时，最好使用 onBlur 事件。

11.2.8　交换图像

"交换图像"动作通过更改<img>标签的 src 属性将一个图像和另一个图像进行交换。"交换图像"动作主要用于创建当鼠标指针经过时产生动态变化的按钮。

使用"交换图像"行为的具体操作步骤如下。

（1）若文档中没有图像，则选择"插入 > 图像"命令或单击"插入"面板"常用"选项卡中的"图像"按钮 ▣▾ 来插入一个图像。若要使鼠标指针经过一个图像时多个图像同时变换成相同的图像，则需要插入多个图像。

（2）选择一个要交换的图像对象，并打开"行为"面板。

（3）在"行为"面板中单击"添加行为"按钮 ＋▾，并从弹出的菜单中选择"交换图像"命令，弹出"交换图像"对话框，如图 11-39 所示。

在对话框中各选项的作用如下。

图 11-39

- "图像"选项。选择要更改其源的图像。
- "设定原始档为"选项。输入新图像的路径和

文件名或单击"浏览"按钮选择新图像文件。

- "预先载入图像"复选框。设置是否在载入网页时将新图像载入到浏览器的缓存中。若勾选此复选框，则能防止由于下载而导致图像出现延迟。

- "鼠标滑开时恢复图像"复选框。设置是否在鼠标指针滑开时恢复图像。若勾选此复选框，则会自动添加"恢复交换图像"动作，将最后一组交换的图像恢复为它们以前的源图像，这样，就会出现连续的动态效果。

根据需要从"图像"选项框中选择要更改其源的图像；在"设定原始档为"文本框中输入新图像的路径和文件名或单击"浏览"按钮选择新图像文件；勾选"预先载入图像"和"鼠标滑开时恢复图像"复选框，然后单击"确定"按钮完成设置。

（4）如果不是默认事件，则单击该事件，会出现下拉按钮 ▼，单击 ▼，弹出包含全部事件的事件列表，用户可根据需要选择相应的事件。

（5）按 F12 键浏览网页。

知识	提示

因为只有 src 属性受此动作的影响，所以用户应该换入一个与原图像具有相同高度和宽度的图像。否则，换入的图像显示时会被压缩或扩展，以适应原图像的尺寸。

11.2.9　课堂案例——清凉啤酒网页

案例学习目标

使用"行为"设置在状态栏中显示说明文字。

案例知识要点

使用"设置状态栏文本"命令设置状态栏文本效果。

效果所在位置

云盘中的"Ch11 > 效果 > 清凉啤酒网页 > index.html"，如图 11-40 所示。

扫码观看
本案例视频

扫码观看扩展案例

图 11-40

（1）选择"文件 > 打开"命令，在弹出的"打开"对话框中，选择云盘中的"Ch11 > 素材 > 清凉啤酒网页 > index.html"文件，单击"打开"按钮打开文件，如图 11-41 所示。

（2）选择"窗口 > 行为"命令，打开"行为"面板，如图 11-42 所示。

图 11-41

图 11-42

（3）单击"行为"面板中的"添加行为"按钮 **+**，在弹出的菜单中选择"设置文本 > 设置状态栏文本"命令，弹出"设置状态栏文本"对话框，如图 11-43 所示。在"消息"文本框中输入需要的文字，如图 11-44 所示。

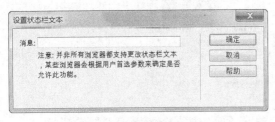 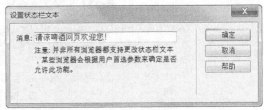

图 11-43　　　　　　　　　　　　　　　图 11-44

（4）单击"确定"按钮，完成设置，"行为"面板如图 11-45 所示。

（5）保存文档，按 F12 键预览效果，当鼠标指针滑过时，在浏览器的状态栏区域显示文本，如图 11-46 所示。

图 11-45　　　　　　　　　　　　　　　图 11-46

11.2.10　显示-隐藏元素

"显示-隐藏元素"动作的功能是显示、隐藏或恢复一个或多个层的默认可见性。利用此动作可制作下拉列表等特殊效果。

使用"显示-隐藏元素"动作的具体操作步骤如下。

（1）新建一个空白页面。

（2）在页面中插入一个 3 行 1 列的表格，将光标放在单元格中。单击"插入"面板"常用"选项卡中的"图像"按钮 ，弹出图 11-47 所示的"选择图像源文件"对话框，然后在每个单元格中插入一幅图片。

（3）分别选中每个图片，在"属性"面板中将其"宽""高"分别设为"180""144"，为每张图片设置空链接，如图 11-48 所示。

（4）选中表格，在"属性"面板中，将"填充"选项设为"10"，如图 11-49 所示。设置完成后表格及页面效果如图 11-50 所示。

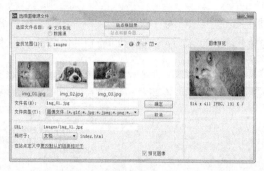

图 11-47

图 11-48

图 11-49

图 11-50

（5）单击"插入"面板"布局"选项卡中的"绘制 AP Div"按钮，在表格的右侧创建一个层，并插入第一幅图片的原图像，如图 11-51 所示。

（6）使用相同的方法，在第一个层的位置上再插入两个层，然后分别在这两个层中插入左侧其余两幅小图的原图像并调整其位置，如图 11-52 所示。

图 11-51

图 11-52

（7）选择左侧表格中的第一幅图片，在"行为"面板中，单击"添加行为"按钮 ➕，并从弹出的菜单中选择"显示-隐藏元素"动作，弹出"显示-隐藏元素"对话框，如图 11-53 所示。

对话框中各选项的作用如下。

图 11-53

● "元素"选项框。显示和选择要更改其可见性的层。

● "显示"按钮。单击此按钮以显示在"元素"选项中选择的层。

● "隐藏"按钮。单击此按钮以隐藏在"元素"选项中选择的层。

● "默认"按钮。单击此按钮以恢复层的默认可见性。

（8）选择第一幅图片的大图所在的层，单击"显示"按钮，然后分别选择其他不显示的层并单击"隐藏"按钮将它们设为隐藏状态，如图 11-54 所示。

（9）单击"确定"按钮，在"行为"面板中即可显示"显示-隐藏元素"行为中的"onClick"事件，如图 11-55 所示。

图 11-54

图 11-55

（10）重复步骤（7）~步骤（9），将左侧小图片对应的大图片所在的层设置为"显示"，而将其他层"隐藏"，并设置其行为事件。

（11）为了在预览网页时显示基本图片，可选中<body>标签，如图 11-56 所示。

（12）在"行为"面板中打开"显示-隐藏元素"对话框，在对话框中进行设置，如图 11-57 所示。单击"确定"按钮完成设置。

图 11-56

图 11-57

（13）在"行为"面板中的事件为"onload"。

（14）按 F12 键，可预览效果，这时在浏览器中会显示"Div1"的基本图片，如图 11-58 所示。单击其他小图片则可显示相应的大图片，如图 11-59 所示。

图 11-58 图 11-59

11.2.11 设置容器的文本

"设置容器的文本"动作的功能是用指定的内容替换网页上现有层的内容和格式。该内容可以包括任何有效的 HTML 源代码。

虽然"设置容器的文本"将替换层的内容和格式设置，但是会保留层的属性，包括颜色。通过在"设置容器的文本"对话框的"新建 HTML"选项的文本框中加入 HTML 标签，可对内容进行格式设置。

使用"设置容器的文本"动作的具体操作步骤如下。

（1）单击"插入"面板"布局"选项卡中的"绘制 AP Div"按钮 ，在"设计"视图中拖曳出一个图层。在"属性"面板的"CSS-P 元素"选项的文本框中输入层名称。

（2）在文档窗口中选择一个对象，如文字、图像、按钮等，并打开"行为"面板。

（3）在"行为"面板中，单击"添加行为"按钮 ，并从弹出的菜单中选择"设置文本 > 设置容器的文本"命令，弹出"设置容器的文本"对话框，如图 11-60 所示。

图 11-60

对话框中各选项的作用如下。

● "容器"选项。选择目标层。

● "新建 HTML"选项。输入层内显示的消息或相应的 JavaScript 代码。

在对话框中根据需要选择相应的层，并在"新建 HTML"选项中输入层内显示的消息，单击"确定"按钮完成设置。

（4）如果不是默认事件，则单击该事件，会出现下拉按钮 ▾，单击 ▾，弹出包含全部事件的事件列表，用户可根据需要选择相应的事件。

（5）按 F12 键浏览网页。

　　　可以在文本中嵌入任何有效的 JavaScript 函数调用、属性、全局变量或其他表达式，但要嵌入一个 JavaScript 表达式，则需将其放置在大括号（{}）中。例如："The URL for this page is {window.location}, and today is {new Date()}."。若要显示大括号，则需在它前面加一个反斜杠（\{}）。

11.2.12　设置状态栏文本

由于访问者常常会忽略或注意不到状态栏中的消息，因此如果消息非常重要，还是将其显示为弹出式消息或层文本比较好。在状态栏文本中，可以嵌入任何有效的 JavaScript 函数调用、属性、全局变量或其他表达式。若要嵌入一个 JavaScript 表达式，需将其放置在大括号（{}）中。

使用"设置状态栏文本"动作的具体操作步骤如下。

（1）选择一个对象，如文字、图像、按钮等，并打开"行为"面板。

（2）在"行为"面板中单击"添加行为"按钮 ✚，并从弹出的菜单中选择"设置文本 > 设置状态栏文本"命令，弹出"设置状态栏文本"对话框，如图 11-61 所示。对话框中只有一个"消息"选项，其含义是在文本框中输入要在状态栏中显示的消息。消息要简明扼要，否则，浏览器将把溢出的消息截断。

在对话框中根据需要输入状态栏消息或相应的 JavaScript 代码，单击"确定"按钮完成设置。

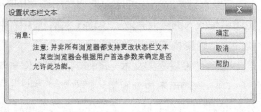

图 11-61

（3）如果不是默认事件，则在"行为"面板中单击该动作前的事件列表，选择相应的事件。

（4）按 F12 键浏览网页。

11.2.13　设置文本域文字

"设置文本域文字"动作的功能是用指定的内容替换表单文本域的内容。

使用"设置文本域文字"动作的具体操作步骤如下。

（1）若文档中没有"文本域"对象，则要创建命名的文本域，先选择"插入 > 表单 > 文本域"命令，在表单中创建文本域。然后在"属性"面板的"文本域"选项中输入该文本域的名称，并使该名称在网页中是唯一的，如图 11-62 所示。

图 11-62

（2）选中文本域并打开"行为"面板。

（3）在"行为"面板中单击"添加行为"按
钮 **+**，并从弹出的菜单中选择"设置文本 > 设
置文本域文字"命令，弹出"设置文本域文字"对
话框，如图 11-63 所示。

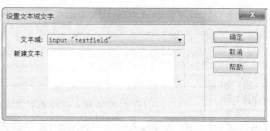

对话框中各选项的作用如下。

● "文本域"选项。选择目标文本域。

图 11-63

● "新建文本"选项。输入要替换的文本信息或相应的 JavaScript 代码。如要在表单文本域中
显示网页的地址和当前日期，则在"新建文本"选项中输入"The URL for this page is
{window.location}, and today is {new Date()}."。

在对话框中根据需要选择相应的文本域，并在"新建文本"选项中输入要替换的文本信息或相应
的 JavaScript 代码，单击"确定"按钮完成设置。

（4）如果不是默认事件，则单击该事件，会出现下拉按钮 **▼**，单击 **▼**，弹出包含全部事件的事
件列表，用户可根据需要选择相应的事件。

（5）按 F12 键浏览网页。

11.2.14　设置框架文本

"设置框架文本"动作的功能是用指定的内容替换框架的内容和格式设置。该内容可以是文本，
也可以是嵌入的任何有效的放置在大括号 ({}) 中的 JavaScript 表达式，如 JavaScript 函数调用、
属性、全局变量或其他表达式。

使用"设置框架文本"动作的具体操作步骤如下。

（1）若网页不包含框架，则选择"修改 > 框架集"命令，在其子菜单中选择一个命令，如"拆
分左框架""拆分右框架""拆分上框架"或"拆分
下框架"，创建框架集。

（2）打开"行为"面板。在"行为"面板中单
击"添加行为"按钮 **+**，并从弹出的菜单中选择"设
置文本 > 设置框架文本"命令，弹出"设置框架
文本"对话框，如图 11-64 所示。

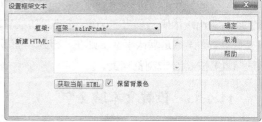

对话框中各选项的作用如下。

图 11-64

● "框架"选项。在其弹出菜单中选择目标框架。

● "新建 HTML"选项。输入替换的文本信息或相应的 JavaScript 代码。

● "获取当前 HTML"按钮。复制当前目标框架的 body 部分的内容。

● "保留背景色"复选框。可选此复选框，则保留网页背景和文本颜色属性，而不替换框架的格式。

在对话框中根据需要，从"框架"选项的弹出菜单中选择目标框架，并在"新建 HTML"选项
的文本框中输入消息、要替换的文本信息或相应的 JavaScript 代码，单击"获取当前 HTML"按钮，
复制当前目标框架的 body 部分的内容。若保留网页背景和文本颜色属性，则勾选"保留背景色"复
选框，单击"确定"按钮完成设置。

（3）如果不是默认事件，则单击该事件，会出现下拉按钮 **▼**，单击 **▼**，弹出包含全部事件的事

件列表，用户可根据需要选择相应的事件。

（4）按 F12 键浏览网页。

11.2.15　跳转菜单

当使用"插入 > 表单 > 跳转菜单"命令创建跳转菜单时，Dreamweaver CS6 会创建一个菜单对象，并向其附加一个"跳转菜单"或"跳转菜单转到"行为。通常不需要手动将"跳转菜单"动作附加到对象上，但若要修改现有的跳转菜单，则需要使用"跳转菜单"行为。因此，"行为"面板中的"跳转菜单"行为的作用是修改现有的跳转菜单，即编辑和重新排列菜单项、更改要跳转到的文件以及更改这些文件打开的窗口。

使用"跳转菜单"动作的具体操作步骤如下。

（1）若文档中尚无跳转菜单对象，则创建一个跳转菜单对象。

（2）在"行为"面板中单击"添加行为"按钮 ，并从弹出的菜单中选择"跳转菜单"命令，弹出"跳转菜单"对话框，如图 11-65 所示。

对话框中各选项的作用如下。

图 11-65

● "添加项"按钮 和"移除项"按钮 。添加或删除菜单项。

● "在列表中下移项"按钮 和"在列表中上移项"按钮 。在菜单项列表中移动当前菜单项，设置该菜单项在菜单列表中的位置。

● "菜单项"选项。显示所有菜单项。

● "文本"选项。设置当前菜单项的显示文字，它会出现在菜单列表中。

● "选择时，转到 URL"选项。为当前菜单项设置当浏览者单击它时要打开的网页地址。

● "打开 URL 于"选项。设置打开浏览网页的窗口类型，包括"主窗口"和"框架"两个选项。"主窗口"选项表示在同一个窗口中打开文件；"框架"选项表示在所选中的框架中打开文件，但选择该选项前应先给框架命名。

● "更改 URL 后选择第一个项目"选项。设置浏览者通过跳转菜单打开网页后，该菜单项是否是第一个菜单项目。

在对话框中根据需要更改和重新排列菜单项、更改要跳转到的文件以及更改这些文件在其中打开的窗口，然后单击"确定"按钮完成设置。

（3）如果不是默认事件，则单击该事件，会出现下拉按钮 ，单击 ，弹出包含全部事件的事件列表，用户可根据需要选择相应的事件。

（4）按 F12 键浏览网页。

11.2.16　跳转菜单开始

"跳转菜单开始"动作与"跳转菜单"动作密切关联。"跳转菜单开始"将一个"前往"按钮和一个跳转菜单关联起来，单击"前往"按钮打开在该跳转菜单中选择的链接。通常情况下，跳转菜单不需要一个"前往"按钮，但是如果跳转菜单出现在一个框架中，而跳转菜单项链接到其他框架中的网页，则通常需要使用"前往"按钮，以允许访问者重新选择已在跳转菜单中选择的项。

使用"跳转菜单开始"动作的具体操作步骤如下。

（1）选中表单中的"前往"按钮，或选中一个对象用作"前往"按钮，这个对象通常是一个按钮图像。

（2）打开"行为"面板。在"行为"面板中单击"添加行为"按钮 ➕.，并从弹出的菜单中选择"跳转菜单开始"命令，弹出"跳转菜单开始"对话框，如图 11-66 所示。在"选择跳转菜单"选项的下拉列表中，选择"前往"按钮要激活的菜单，然后单击"确定"按钮完成设置。

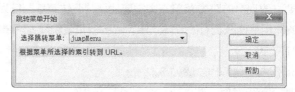

图 11-66

（3）如果不是默认事件，则单击该事件，会出现下拉按钮 ▾，单击 ▾，弹出包含全部事件的事件列表，用户可根据需要选择相应的事件。

（4）按 F12 键浏览网页。

11.3　课堂练习——卫浴网页

🔗 练习知识要点

使用"晃动"行为命令制作图像晃动效果；使用"设置状态栏文本"行为命令添加状态栏文本效果。

🎯 素材所在位置

云盘中的"Ch11 > 素材 > 卫浴网页 > images"。

🎯 效果所在位置

云盘中的"Ch11 > 效果 > 卫浴网页 > index.html"，如图 11-67 所示。

图 11-67

扫码观看
本案例视频

11.4 课后习题——风景摄影网页

习题知识要点

使用"绘制 AP Div"按钮绘制层效果；使用"显示-隐藏元素"行为命令制作图像的显示隐藏效果。

素材所在位置

云盘中的"Ch11 > 素材 > 风景摄影网页 > images"。

效果所在位置

云盘中的"Ch11 > 效果 > 风景摄影网页 > index.html"，如图 11-68 所示。

扫码观看
本案例视频

图 11-68

12

第 12 章
网页代码

本章介绍

Dreamweaver CS6 提供代码编辑工具，方便用户直接编写或修改代码，实现 Web 页的交互效果。在 Dreamweaver CS6 中插入的网页内容及动作都会自动转换为代码，因此，只有熟悉查看和编写代码的环境，了解源代码，才能真正懂得网页的内涵。

学习目标

- ✔ 掌握参考面板的使用方法
- ✔ 掌握标签库、标签和属性的新建方法
- ✔ 掌握标签选择器插入标签的应用
- ✔ 掌握标签检查器的使用方法
- ✔ 掌握常用 HTML 标签的使用方法

技能目标

- ✔ 掌握"品质狂欢节网页"的制作方法

12.1 网页代码

在 Dreamweaver CS6 中可以直接切换到"代码"视图查看和修改代码，代码中很小的错误都可能会导致严重的网页错误，使网页无法正常地浏览。Dreamweaver CS6 提供了标签库编辑器来有效地创建源代码。

12.1.1 课堂案例——品质狂欢节网页

案例学习目标

使用"插入标签"命令插入标签。

案例知识要点

使用"插入标签"命令制作浮动框架效果。

效果所在位置

云盘中的"Ch12 > 效果 > 品质狂欢节网页 > index1.html"，如图 12-1 所示。

扫码观看
本案例视频

扫码观看扩展案例

图 12-1

（1）打开 Dreamweaver CS6 后，新建一个空白文档。新建页面的初始名称为"Untitled-1"。选择"文件 > 保存"命令，弹出"另存为"对话框。在"保存在"选项的下拉列表中选择当前站点目录保存路径；在"文件名"选项的文本框中输入"index"，如图 12-2 所示。单击"保存"按钮，返回网页编辑窗口。

（2）选择"插入 > 标签"命令，弹出"标签选择器"对话框，如图 12-3 所示。在对话框中选择"HTML 标签 > 页面元素 > iframe"选项，如图 12-4 所示。

图 12-2

（3）单击"插入"按钮，弹出"标签编辑器–iframe"对话框，如图 12-5 所示。单击"源"选项右侧的"浏览"按钮，在弹出的"选择文件"对话框中，选择云盘中的"Ch12 > 欢节网页 > 01.html"文件，如图 12-6 所示。

图 12-3

图 12-4

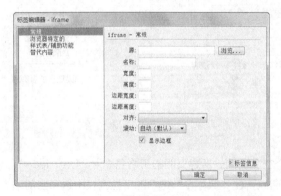

图 12-5

图 12-6

（4）单击"确定"按钮，返回到"标签编辑器–iframe"对话框中，其他选项的设置如图 12-7 所示。在左侧的列表框中选择"浏览器特定的"选项，对话框中的设置如图 12-8 所示。单击"确定"按钮，返回到"标签选择器"对话框，单击"关闭"按钮，将其关闭。

图 12-7

图 12-8

（5）保存文档，按 F12 键预览效果，如图 12-9 所示。

图 12-9

12.1.2 使用"参考"面板

"参考"面板为设计者提供了标记语言、编程语言和 CSS 样式的快速参考工具，它提供了有关在"代码"视图中正在使用的特定标签、对象或样式的信息。

1. 打开参考面板的方法

选中标签后，选择"窗口 > 结果 > 参考"命令，弹出"参考"面板。

2. "参考"面板的参数

"参考"面板显示的内容是与用户所单击的标签、属性或关键字有关的信息，如图 12-10 所示。

"参考"面板中各选项的作用如下。

● "书籍"选项。显示或选择参考材料出自的书籍名称。参考材料包括其他书籍的标签、对象或样式等。

● "Tag"选项。根据选择书籍的不同，该选项可变成"对象""样式"或

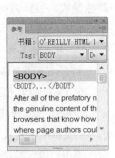

图 12-10

"CFML"选项，用于显示用户在"代码"视图或代码检查器中选择的对象、样式或函数，还可选择新的标签。该选项包含两个弹出菜单，左侧的用于选择标签，右侧的用于选择标签的属性。

● 属性列表选项。显示所选项目的说明。

3. 调整"参考"面板中文本的大小

单击"参考"面板右上方的选项菜单 ，选择"大字体"、"中等字体"或"小字体"命令，即可调整"参考"面板中文本的大小。

12.1.3 代码提示功能

代码提示是网页制作者在代码窗口中编写或修改代码的有效工具。只要在"代码"视图的相应标签间按下 space 键，就会出现关于该标签常用属性、方法、事件的代码提示下拉列表，如图 12-11所示。

图 12-11

在标签检查器中不能列出所有参数，如 onResize 等，但在代码提示列表中可以一一列出。因此，代码提示功能是网页制作者编写或修改代码的一个方便有效的工具。

12.1.4 使用标签库插入标签

在 Dreamweaver CS6 中，标签库中有一组特定类型的标签，其中还包含 Dreamweaver CS6应如何设置标签格式的信息。标签库提供了 Dreamweaver CS6 用于代码提示、目标浏览器检查、标签选择器和其他代码功能的标签信息。使用标签库编辑器，可以添加和删除标签库、标签和属性，设置标签库的属性以及编辑标签和属性。

选择"编辑 > 标签库"命令，弹出"标签库编辑器"对话框，如图 12-12 所示。标签库中列出了绝大部分各种语言所用到的标签及其属性参数，设计者可以轻松地添加和删除标签库、标签和属性。

1. 新建标签库

打开"标签库编辑器"对话框，单击"加号"按钮 ，在弹出的菜单中选择"新建标签库"命令，弹出"新建标签库"对话框，在"库名称"选项的文本框中输入一个名称，如图 12-13 所示。单击"确定"按钮完成设置。

图 12-12

2. 新建标签

打开"标签库编辑器"对话框，单击"加号"按钮 ⊞，在弹出的菜单中选择"新建标签"命令，弹出"新建标签"对话框，如图 12-14 所示。先在"标签库"选项的下拉列表中选择一个标签库，然后在"标签名称"选项的文本框中输入新标签的名称。若要添加多个标签，则输入这些标签的名称，中间以逗号和空格来分隔标签的名称，如"First Tags, Second Tags"。如果新的标签具有相应的结束标签 (</...>)，则勾选"具有匹配的结束标签"复选框，最后单击"确定"按钮完成设置。

3. 新建属性

使用"新建属性"命令可以为标签库中的标签添加新的属性。打开"标签库编辑器"对话框，单击"加号"按钮 ⊞，在弹出的菜单中选择"新建属性"命令，弹出"新建属性"对话框，如图 12-15 所示，设置对话框中的选项。一般情况下，在"标签库"选项的下拉列表中选择一个标签库，在"标签"选项的下拉列表中选择一个标签，在"属性名称"文本框中输入新属性的名称。若要添加多个属性，则输入这些属性的名称，中间以逗号和空格来分隔标签的名称，如"width,height"。最后单击"确定"按钮完成设置。

图 12-13

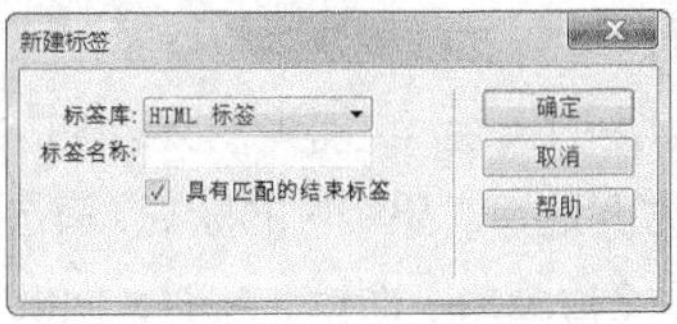

图 12-14

图 12-15

4. 删除标签库、标签或属性

打开"标签库编辑器"对话框。先在"标签"选项框中选择一个标签库、标签或属性，再单击"减号"按钮 ⊟，即可将选中的项从"标签"选项框中删除，单击"确定"按钮关闭"标签库编辑器"对话框。

12.1.5 用标签选择器插入标签

如果网页制作者对代码不是很熟，那么可以使用 Dreamweaver CS6 提供的另一个实用工具，即标签选择器。

在"代码"视图中单击鼠标右键，在弹出的菜单中选择"插入标签"命令，弹出"标签选择器"对话框，如图 12-16 所示。左侧列表框中包含支持的标签库的列表，右侧列表框中显示选中标签库文件夹中的单独标签，单击"标签信息"按钮，下方弹出的列表框中会显示选中标签的详细信息。

使用"标签选择器"对话框插入标签的操作步骤如下。

（1）打开"标签选择器"对话框。在左侧选项框中展开标签库，即从标签库中选择标签类别，或者展开该类别并选择一个子类别，从右侧选项框中选择一个标签。

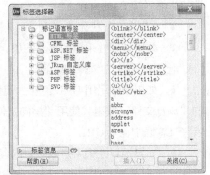

图 12-16

（2）若要在"标签选择器"对话框中查看该标签的语法和用法信息，则单击"标签信息"按钮，如果有可用信息，则会显示关于该标签的信息。

（3）若要在"参考"面板中查看该标签的相同信息，单击图标 <?>，如果有可用信息，则会显示关于该标签的信息。

（4）若要将选中的标签插入代码中，则单击"插入"按钮，弹出"标签编辑器"对话框。如果该标签出现在右侧选项框中并带有尖括号（如<title></title>），那么它将不会要求其他信息，立即插入到文档的光标处。

（5）单击"确定"按钮回到"标签选择器"对话框，单击"关闭"按钮则关闭"标签选择器"对话框。

12.2　编辑代码

12.2.1　使用标签检查器编辑代码

标签检查器列出了所选标签的属性表，方便设计者查看和编辑选择的标签对象的各项属性。选择"窗口 > 标签检查器"命令，打开"标签检查器"面板。若想查看或修改某标签的属性，只需先在文档窗口中用鼠标指针选择对象或选择文档窗口下方要选择对象相应的标签，再选择"窗口 > 标签检查器"命令，弹出"标签检查器"面板。此时，面板将列出该标签的属性，如图 12-17 所示。设计者可以根据需要轻松地找到各属性参数，并修改属性值。

在"标签检查器"面板的"属性"选项卡中，显示所选对象的属性及其当前值。若要查看其中的属性，有以下几种方法。

图 12-17

- 若要查看按类别组织的属性，则单击"显示类别视图"按钮 ▥。
- 若要在按字母排序的列表中查看属性，则单击"显示列表视图"按钮 ▤。

若要更改属性值，则选择该值并进行编辑，具体操作方法如下。

- 在属性值列（属性名称的右侧）中为该属性输入一个新的值。若要删除一个属性值，则选择该值，然后按 Backspace 键。
- 如果要更改属性的名称，则选择该属性名称，然后进行编辑。
- 如果该属性采用预定义的值，则从属性值列右侧的弹出菜单（或颜色选择器）中选择一个值。
- 如果属性采用 URL 值作为属性值，则单击"属性"面板中的"浏览文件"按钮或使用"指向文件"图标 ⊕ 选择一个文件，或者在文本框中输入 URL。
- 如果该属性采用来自动态内容来源（如数据库）的值，则单击属性值列右侧的"动态数据"按钮 ⚡，然后选择一个来源，如图 12-18 所示。

图 12-18

12.2.2 使用标签编辑器编辑代码

标签编辑器是另一个编辑标签的方式。先在文档窗口中选择特定的标签，然后单击"标签检查器"面板右上角的选项菜单 ▼≡，在弹出的菜单中选择"编辑标签"命令，打开"标签编辑器"对话框，如图 12-19 所示。

"标签编辑器"对话框列出了被不同浏览器版本支持的特殊属性、事件和关于该标签的说明信息，用户可以方便地指定或编辑该标签的属性。

图 12-19

12.3 常用的 HTML 标签

HTML 是一种超文本标记语言，HTML 文件是被网络浏览器读取并产生网页的文件。常用的 HTML 标签有以下几种。

1. 文件结构标签

文件结构标签包含 html、head、title、body 等。html 标签用于标记页面的开始，它由文档头部分和文档体部分组成。浏览时只有文档体部分会被显示。head 标签用于标记网页的开头部分，开头部分用以存载重要信息，如注释、meta 和标题等。title 标签用于标记页面的标题，浏览时在浏览器的标题栏上显示。body 标签用于标记网页的文档体部分。

2. 排版标签

在网页中有 4 种段落对齐方式：左对齐、右对齐、居中对齐和两端对齐。在 HTML 语言中，可以使用 ALIGN 属性来设置段落的对齐方式。

ALIGN 属性可以应用于多种标签，例如分段标签<p>、标题标签<hn>以及水平线标签<hr>等。ALIGN 属性的取值可以是：left（左对齐）、center（居中对齐）、right（右对齐）以及 justify（两端对齐）。两端对齐是指一行中的文本在排满的情况下向左右两个页边对齐，以避免在左右页边出现锯齿状。

对于不同的标签，ALIGN 属性的默认值是有所不同的。对于分段标签和各个标题标签，ALIGN 属性的默认值为 left；对于水平线标签<hr>，ALIGN 属性的默认值为 center。若要将文档中的多个段落设置成相同的对齐方式，可将这些段落置于<div>和</div>标签之间组成一个节，并使用 ALIGN 属性来设置该节的对齐方式。如果要将部分文档内容设置为居中对齐，也可以将这部分内容置于<center>和</center>标签之间。

3. 列表标签

列表分为无序列表、有序列表两种。li 标签标记无序列表，如项目符号；ol 标签标记有序列表，如标号。

4. 表格标签

表格标签包括表格标签<table>、表格标题标签<caption>、表格行标签<tr>、表格字段名标签<th>、列标签<td>等。

5. 框架

框架网页将浏览器上的视窗分成不同区域，在每个区域中都可以独立显示一个网页。框架网页通过一个或多个 frameset 和 frame 标签来定义。框架集包含如何组织各个框架的信息，可以通过 frameset 标签来定义。框架集 frameset 标签置于 head 之后，以取代 body 的位置，还可以使用 noframes 标签给出框架不能被显示时的替换内容。框架集 frameset 标签中包含多个 frame 标签，用以设置框架的属性。

6. 图形标签

图形的标签为<img>，其常用参数是<src>和<alt>属性，用于设置图像的位置和替换文本。SRC 属性给出图像文件的 URL 地址，图像可以是 JPEG 文件、GIF 文件或 PNG 文件；ALT 属性给出图像的简单文本说明，这段文本在浏览器不能显示图像时显示出来，或图像加载时间过长时先显示出来。

<img>标签不仅用于在网页中插入图像，也可以用于播放 Video for Windows 的多媒体文件（*.avi）。若要在网页中播放多媒体文件，应在<img>标签中设置 dynsrc、start、loop、controls 和 loopdelay 属性。

例如，将影片循环播放 3 次，中间延时 250 毫秒。
```
<img src="SAMPLE-S.GIF" dynsrc="SAMPLE-S.AVI" loop=3 loopdelay=250>
```
又例如，在鼠标指针移到 AVI 播放区域之上时才开始播放 SAMPLE-S.AVI 影片。
```
<img src="SAMPLE-S.GIF" dynsrc="SAMPLE-S.AVI" start=mouseover>
```

7. 链接标签

链接标签为<a>，其常用参数有：href 标记目标端点的 URL 地址；target 显示链接文件的一个窗口或框架；title 显示链接文件的标题文字。

8. 表单标签

表单在 HTML 页面中起着重要作用，它是与用户交互信息的主要手段。一个表单至少应该包括说明性文字、用户填写的表格、提交和重填按钮等内容。用户填写了所需的资料之后，按下"提交"按钮，所填资料就会通过专门的 CGI 接口传到 Web 服务器上。网页的设计者随后就能在 Web 服务器上看到用户填写的资料，从而完成了从用户到作者之间的反馈和交流。

表单中主要包括下列元素：普通按钮、单选按钮、复选框、下拉式菜单、单行文本框、多行文本框、提交按钮、重填按钮。

9. 滚动标签

滚动标签是 marquee，它会将置于其间的文字和图像进行滚动，形成滚动字幕的页面效果。

10. 载入网页的背景音乐标签

载入网页的背景音乐标签是 bgsound，它可设定页面载入时的背景音乐。

12.4　脚本语言

脚本是一个包含源代码的文件，一次只有一行被解释或翻译成为机器语言。在脚本处理过程中，脚本程序翻译每个代码行，并一次选择一行代码，直到脚本中所有代码都被处理完成。Web 应用程序经常使用客户端脚本以及服务器端的脚本，本章讨论的是客户端脚本。

用脚本创建的应用程序有代码行数的限制，一般小于 100 行。脚本程序较小，一般用"记事本"或在 Dreamweaver CS6 的"代码"视图中编辑创建。

使用脚本语言主要有两个原因：一是创建脚本比创建编译程序快；二是用户可以使用文本编辑器快速、容易地修改脚本。而修改编译程序，必须有程序的源代码，而且修改了源代码以后，必须重新编译它，所有这些使得修改编译程序比编辑脚本更加复杂而且耗时。

脚本语言主要包含接收用户数据、处理数据和显示输出结果数据 3 部分语句。计算机中最基本的操作是输入和输出，Dreamweaver CS6 提供了输入和输出函数。InputBox 函数是实现输入效果的函数，它会弹出一个对话框来接收浏览者输入的信息；MsgBox 函数是实现输出效果的函数，它会弹出一个对话框显示输出信息。

有的操作要在一定条件下才能选择，这要用条件语句实现。对于需要重复选择的操作，应该使用循环语句实现。

12.5 响应 HTML 事件

前面已经介绍了基本的事件及其触发条件，现在讨论在代码中调用事件过程的方法。调用事件过程有 3 种方法，下面以在按钮上单击鼠标左键弹出欢迎对话框为例介绍调用事件过程的方法。

1. 通过名称调用事件过程

```
<HTML>
<HEAD>
<TITLE>事件过程调用的实例</TITLE>
<SCRIPT LANGUAGE=vbscript>
<!--
sub bt1_onClick()
  msgbox "欢迎使用代码实现浏览器的动态效果！"
end sub
-->
</SCRIPT>
</HEAD>
<BODY>
  <INPUT name=bt1 type="button" value="单击这里">
</BODY>
</HTML>
```

2. 通过 FOR/EVENT 属性调用事件过程

```
<HTML>
<HEAD>
<TITLE>事件过程调用的实例</TITLE>
<SCRIPT LANGUAGE=vbscript for="bt1" event="onclick">
<!--
  msgbox "欢迎使用代码实现浏览器的动态效果！"
-->
</SCRIPT>
</HEAD>
<BODY>
  <INPUT name=bt1 type="button" value="单击这里">
</BODY>
</HTML>
```

3. 通过控件属性调用事件过程

```
<HTML>
<HEAD>
<TITLE>事件过程调用的实例</TITLE>
<SCRIPT LANGUAGE=vbscript >
<!--
  sub msg()
  msgbox "欢迎使用代码实现浏览器的动态效果！"
```

```
end sub
-->
</SCRIPT>
</HEAD>
<BODY>
 <INPUT name=bt1 type="button" value="单击这里" onclick="msg">
</BODY>
</HTML>
<HTML>
<HEAD>
<TITLE>事件过程调用的实例</TITLE>
</HEAD>
<BODY>
<INPUT name=bt1 type="button" value="单击这里" onclick='msgbox "欢迎使用代码实现浏览器的动
态效果！"' language="vbscript">
</BODY>
</HTML>
```

12.6 课堂练习——商业公司网页

练习知识要点

使用"插入标签"命令制作浮动框架效果。

素材所在位置

云盘中的"Ch12 > 素材 > 商业公司网页 > images"。

效果所在位置

云盘中的"Ch12 > 效果 > 商业公司网页 > index.html"，如图 12-20 所示。

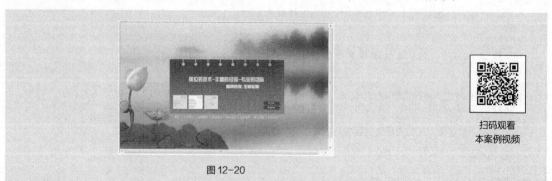

图 12-20

扫码观看
本案例视频

12.7 课后习题——土特产网页

习题知识要点

使用"拆分"视图，手动输入代码制作禁止滚动页面及单击鼠标右键效果。

◉ **素材所在位置**

云盘中的"Ch12 > 素材 > 土特产网页 > images"。

◉ **效果所在位置**

云盘中的"Ch12 > 效果 > 土特产网页 > index.html",如图 12-21 所示。

图 12-21

扫码观看
本案例视频

13

第 13 章
综合设计实训

本章介绍 ▦

本章的综合设计实训案例，根据网页设计项目真实情境来训练学生利用所学知识完成网页设计项目。通过多个网页设计项目案例的演练，学生能进一步牢固掌握 Dreamweaver CS6 的强大操作功能和使用技巧，并应用好所学技能制作出专业的网页设计作品。

学习目标 ▦

- ✔ 掌握表格布局的应用方法和技巧
- ✔ 掌握 CSS 样式命令的使用方法
- ✔ 掌握表单的创建方法和应用
- ✔ 掌握动画文件和图像文件的插入方法和应用
- ✔ 掌握超链接的创建方法

技能目标 ▦

- ✔ 掌握个人网页——张发的个人网页的制作方法
- ✔ 掌握休闲网页——瑜伽休闲网页的制作方法
- ✔ 掌握旅游网页——旅游度假网页的制作方法
- ✔ 掌握房产网页——焦点房产网页的制作方法
- ✔ 掌握游戏网页——锋芒游戏网页的制作方法

13.1 个人网页——张发的个人网页

13.1.1 【项目背景及要求】

1. 客户名称

张发

2. 客户需求

张发是一位旅游爱好者，喜欢搜集旅游资源、旅行游记、当地美食、地方特产等方面的信息。现张发想与大家分享他的收获和记录，想要为此发一篇博文。本例即为张发设计博文首页，要求画面简单干净、功能齐全。

3. 设计要求

- 要求网页风格能表现出旅游博客的特点。
- 根据博客类型，要求在网页上多使用淡色，体现出旅游带来的轻松愉悦的感受。
- 网页设计分类明确，注重细节的修饰。
- 符合旅游爱好者阳光向上、乐观开朗的特点。
- 设计规格为 1400 像素（宽）×1258 像素（高）。

13.1.2 【项目创意及制作】

1. 素材资源

图片素材所在位置：云盘中的"Ch13 > 素材 > 张发的个人网页 > images"。

文字素材所在位置：云盘中的"Ch13 > 素材 > 张发的个人网页 > text.txt"。

2. 作品参考

设计作品参考效果所在位置：云盘中的"Ch13 > 效果 > 张发的个人网页 > index.html"，如图 13-1 所示。

图 13-1

扫码观看
本案例视频

扫码观看扩展案例

3．制作要点

使用"页面属性"命令设置页面背景、边距和标题；使用"表格"按钮插入表格进行页面布局；使用"CSS 样式"命令美化页面。

13.2 休闲网页——瑜伽休闲网页

13.2.1 【项目背景及要求】

1．客户名称

时尚瑜伽馆

2．客户需求

时尚瑜伽馆是一家设施齐全、教学项目全面、配有专业的教练指导教学的瑜伽馆。瑜伽馆氛围良好，客户能够得到很好的身心锻炼。目前瑜伽馆为扩大其知名度，需要制作瑜伽馆网站，网页设计要求能够达到宣传效果。

3．设计要求

- 网站设计风格具有瑜伽的特色。
- 网站的色彩使用紫色，达到让人感到宁静舒适的目的。
- 使用淡雅的风格来突出主题，达到宣传目的。
- 整体画面搭配合理，具有创新性。
- 设计规格为 1400 像素（宽）×1535 像素（高）。

13.2.2 【项目创意及制作】

1．素材资源

图片素材所在位置：云盘中的"Ch13 > 素材 > 瑜伽休闲网页 > images"。

文字素材所在位置：云盘中的"Ch13 > 素材 > 瑜伽休闲网页 > text.txt"。

2．作品参考

设计作品参考效果所在位置：云盘中的"Ch13 > 效果 > 瑜伽休闲网页 > index.html"，如图 13-2 所示。

图 13-2

扫码观看
本案例视频

扫码观看扩展案例

3. 制作要点

使用"页面属性"命令改变页面字体、大小、颜色、背景图像和页边距；使用"CSS 样式"面板设置单元格背景、文字颜色和行距；使用"属性"面板改变单元格的高度和宽度。

13.3 旅游网页——旅游度假网页

13.3.1 【项目背景及要求】

1. 客户名称

旅游度假村

2. 客户需求

旅游度假村是一个专业的提供旅游信息的平台。它的官方旅游网站侧重旅游市场研究及旅游地宣传，同时也向广大旅游朋友提供旅游相关信息资讯、产品信息等。现准备新建设旅游网站，网站准备通过发布各种旅游相关信息供游客阅读，提供旅游线路给游客选择。这样不仅为旅客提供了服务，而且也推广了自己，让更多旅客了解自己。

3. 设计要求

- 网站设计风格具有旅游特色。
- 网站的色彩使用浅色调，达到让人感到宁静舒适的目的。
- 使用淡雅的风格来突出主题，达到宣传目的。
- 整体画面搭配合理，具有创新性。
- 设计规格为 1400 像素（宽）×1970 像素（高）。

13.3.2 【项目创意及制作】

1. 素材资源

图片素材所在位置：云盘中的"Ch13 > 素材 > 旅游度假网页 > images"。

文字素材所在位置：云盘中的"Ch13 > 素材 > 旅游度假网页 > text.txt"。

2. 作品参考

设计作品参考效果所在位置：云盘中的"Ch13 > 效果 > 旅游度假网页 > index.html"，如图 13-3 所示。

3. 制作要点

使用"页面属性"命令设置页面字体、大小、颜色、边距和页面标题；使用"图像"按钮插入装饰图像；使用"属性"面板改变单元格的高度、宽度、对齐方式及背景颜色；使用"CSS 样式"命令设置单元格背景图像、文字的颜色、大小及行距的显示效果。

图 13-3

13.4 房产网页——焦点房产网页

13.4.1 【项目背景及要求】

1. 客户名称

焦点房产网

2. 客户需求

焦点房产网为广大网友提供热门的房产资讯，包括新建楼盘、家居装饰、二手房信息、产业新区等，建立了供网友讨论交流的相关论坛，还设有移动客户端便于用户查询，是房地产媒体及业内外网友公认的专业网站和焦点房产信息库。现网站要进行改版，要求网站设计能体现出网站独有的特色。

3. 设计要求

- 以城市楼盘背景为主体，在点明主题的同时增强说服力。
- 采用不规则的画面设计来吸引人们的视线，达到宣传的目的。
- 色彩搭配能与图片相呼应，增强画面的统一感。
- 整体设计充满律动感，让人印象深刻。
- 设计规格为 1400 像素（宽）×1156 像素（高）。

13.4.2 【项目创意及制作】

1. 素材资源

图片素材所在位置：云盘中的"Ch13 > 素材 > 焦点房产网页 > images"。

文字素材所在位置：云盘中的"Ch13 > 素材 > 焦点房产网页 > text.txt"。

2. 作品参考

设计作品参考效果所在位置：云盘中的"Ch13 > 效果 > 焦点房产网页 > index.html"，如图 13-4 所示。

图 13-4

扫码观看
本案例视频

扫码观看扩展案例

3. 制作要点

使用"鼠标经过图像"按钮制作导航效果；使用"属性"面板设置单元格高度和对齐方式；使用"CSS 样式"面板设置单元格的背景图像、文字大小、颜色及行距。

13.5 游戏网页——锋芒游戏网页

13.5.1 【项目背景及要求】

1. 客户名称

锋芒游戏公司

2. 客户需求

锋芒游戏公司是一家新成立的互动娱乐软件公司，主要经营各种电子游戏的开发、出版以及销售业务。该公司目前需要制作公司网站，为前期的宣传做准备。网站主要内容为公司研发的几款小游戏，要求能够表现公司的特点，达到宣传效果。

3. 设计要求

- 网页具有可爱清新的风格特色。
- 使用卡通图案装饰画面，体现小游戏的趣味与放松。
- 色彩搭配清爽干净，让人感到舒适。

● 设计规格为 1600 像素（宽）×1510 像素（高）。

13.5.2 【项目创意及制作】

1. 素材资源

图片素材所在位置：云盘中的"Ch13 > 素材 > 锋芒游戏网页 > images"。

文字素材所在位置：云盘中的"Ch13 > 素材 > 锋芒游戏网页 > text.txt"。

2. 作品参考

设计作品参考效果所在位置：云盘中的"Ch13 > 效果 > 锋芒游戏网页 > index.html"，
如图 13-5 所示。

扫码观看
本案例视频

图 13-5

扫码观看扩展案例

3. 制作要点

使用"页面属性"命令修改页面的页边距和页面标题；使用"属性"面板设置单元格宽度、高度
及背景颜色；使用"CSS 样式"命令设置文字的大小、字体及行距的显示效果。

13.6 课堂练习1——设计书法艺术网页

13.6.1 【项目背景及要求】

1. 客户名称

青竹书法网

2. 客户需求

青竹书法网是一个以书法资讯、书家机构推介、作品展示及交易和业内交流为主要服务项目的书法综合性网站。为了扩大网站的知名度，网站需要重新进行设计，要求表现书法特色，使人一目了然。

3. **设计要求**

- 网页设计要体现中国书法文化的元素，增强网页的文化氛围。
- 网页页面要大气，信息排列合理恰当。
- 网页使用沉稳的背景颜色衬托主要信息。
- 在网页的设计上体现出传统文化的魅力。
- 设计规格为 1003 像素（宽）×923 像素（高）。

13.6.2 【项目创意及制作】

1. **素材资源**

图片素材所在位置：云盘中的"Ch13 > 素材 > 设计书法艺术网页 > images"。

文字素材所在位置：云盘中的"Ch13 > 素材 > 设计书法艺术网页 > text.txt"。

2. **制作提示**

首先设计网页的背景及边距，然后插入表格定位，再制作导航条区域，最后制作内容区域及修饰美化页面。

3. **知识提示**

使用"页面属性"面板更改页面属性；使用"CSS 样式"命令设置文字的颜色和大小；使用"行为"命令制作弹出信息效果。

13.7 课堂练习 2——设计电影在线网页

13.7.1 【项目背景及要求】

1. **客户名称**

在线电影网

2. **客户需求**

在线电影网是一个涵盖最新电影、经典电影、电影推荐等电影图文视频的网站。目前特推出全新的网站首页，网站内容主要是电影的最新动态，网站设计要求紧凑直观、丰富多样。

3. **设计要求**

- 网页设计要求围绕网站特色，在网页上充分体现电影元素。
- 网页的页面布局合理，便于用户浏览和搜索。
- 网页的主题颜色以深色为主，增强画面质感，突出内容。
- 设计紧凑直观，独特新颖。
- 设计规格为 1600 像素（宽）×2198 像素（高）。

13.7.2 【项目创意及制作】

1. **素材资源**

图片素材所在位置：云盘中的"Ch13 > 素材 > 设计电影在线网页 > images"。

文字素材所在位置：云盘中的"Ch13 > 素材 > 设计电影在线网页 > text.txt"。

2. 制作提示

首先制作表格对网页布局和添加背景图像，然后插入 logo 和制作导航条效果，再制作文字介绍区域和底部效果，最后创建超链接和修饰美化页面。

3. 知识提示

使用"表格"按钮插入表格，对网页布局；使用"属性"面板设置单元格的大小及背景颜色；使用"CSS 样式"命令设置图片与文字的对齐方式；使用"CSS 样式"命令控制文字的大小、颜色及行距的显示。

13.8 课后习题 1——设计篮球运动网页

13.8.1 【项目背景及要求】

1. 客户名称

VBFE 篮球网站

2. 客户需求

VBFE 是一家著名的网络公司，公司目前想要推出一个以篮球为主要内容的，以报道篮球相关的最新资讯、转播篮球赛事以及销售相关产品为一体的专业网站。网站内容明确，以篮球为主，设计要抓住重点、明确主题。

3. 设计要求

● 网页风格以篮球运动的活力激情为主。

● 设计要时尚、简洁、大方，体现网站的质感。

● 网页图文搭配合理，符合大众审美。

● 网页以红色为主色调，体现篮球运动的热情与活力。

● 设计规格为 986 像素（宽）×1005 像素（高）。

13.8.2 【项目创意及制作】

1. 素材资源

图片素材所在位置：云盘中的"Ch13 > 素材 > 设计篮球运动网页 > images"。

文字素材所在位置：云盘中的"Ch13 > 素材 > 设计篮球运动网页 > text.txt"。

2. 制作提示

首先制作表格对网页布局和添加背景图像，然后制作导航条和滚动字幕，再制作广告区域和介绍区域，最后制作底部区域。

3. 知识提示

使用"页面属性"命令设置页面的字号大小、背景颜色和边距；使用"表格"按钮插入表格；使用"图像"按钮插入图像；使用"代码"命令制作滚动条效果；使用"日期"按钮插入日期和时间；使用"CSS 样式"面板设置文字的大小和颜色。

13.9　课后习题 2——设计电子商城网站

13.9.1　【项目背景及要求】

1. 客户名称

第比电子商城

2. 客户需求

第比电子商城是一家覆盖传统家电、3C 电器、日用百货等品类的电子销售平台。网站以销售电子类产品为主，目前商城需要更新其网站，重新设计网站页面，要求设计能体现网站特色。

3. 设计要求

● 网页设计要具有条理，整齐的页面能够体现网站的专业性和品质。

● 网页背景使用红白的色彩搭配，使画面看起来干净。

● 网页设计要突出主题，分类明确细致，体现网站服务的特色。

● 设计规格为 993 像素（宽）×1208 像素（高）。

13.9.2　【项目创意及制作】

1. 素材资源

图片素材所在位置：云盘中的 "Ch13 > 素材 > 设计电子商城网站 > images"。

文字素材所在位置：云盘中的 "Ch13 > 素材 > 设计电子商城网站 > text.txt"。

2. 制作提示

首先制作表格对网页布局和添加背景色，然后制作导航条、产品分类区域和插入 logo，再制作产品展示介绍和底部区域，最后创建超链接和修饰美化页面。

3. 知识提示

使用 "页面属性" 面板设置页面的背景色；使用 "表格" 按钮插入表格；使用 "图像" 按钮插入图像；使用 "鼠标经过图像" 按钮制作导航条效果；使用 "表单" 命令制作会员注册表效果；使用 "CSS 样式" 命令调整文字的大小、颜色和行距；使用 "代码" 视图修改图片属性。

附录　Dreamweaver 快捷键

文件菜单		编辑菜单	
命令	快捷键	命令	快捷键
新建	Ctrl+N	折叠所选	Ctrl+Shift+C
打开	Ctrl+O	折叠外部所选	Ctrl+Alt+C
在 Bridge 中浏览	Alt+Ctrl+O	扩展所选	Ctrl+Shift+E
在框架中打开	Ctrl+Shift+O	折叠完整标签	Ctrl+Shift+J
关闭	Ctrl+W	折叠外部完整标签	Ctrl+Alt+J
关闭全部	Ctrl+Shift+W	扩展全部	Ctrl+Alt+E
保存	Ctrl+S	首选参数	Ctrl+U
另存为	Shift+Ctrl+S	**查看菜单**	
打印代码	Ctrl+P	命令	快捷键
IExplorer	F12	切换视图	Ctrl+Alt+ `
Adobe BrowserLab	Ctrl+Shift+F12	刷新设计视图	F5
链接	Shift+F8	实时视图	Alt+F11
退出	Ctrl+Q	冻结 JavaScript	F6
编辑菜单		检查	Alt+Ctrl+F11
命令	快捷键	文件头内容	Ctrl+Shift+H
撤销	Ctrl+Z	扩展表格模式	Alt+F6
重做	Ctrl+Y	隐藏所有	Ctrl+Shift+I
剪切	Ctrl+X	放大	Ctrl+ =
复制	Ctrl+C	缩小	Crtl+ -
粘贴	Ctrl+V	视图显示 50%	Ctrl+Alt+5
选择性粘贴	Shift+Ctrl+V	视图显示 100%	Ctrl+Alt+1
全选	Ctrl+A	视图显示 200%	Ctrl+Alt+2
选择父标签	Ctrl+[	视图显示 300%	Ctrl+Alt+3
选择子标签	Ctrl+]	视图显示 400%	Ctrl+Alt+4
查找和替换	Ctrl+F	视图显示 800%	Ctrl+Alt+8
查找所选	Shift+F3	视图显示 1600%	Ctrl+Alt+6
查找下一个	F3	视图显示符合所选	Ctrl+Alt+0
转到行	Ctrl+G	符合全部	Ctrl+Shift+0
显示代码提示	Ctrl+H	符合宽度	Ctrl+Alt+Shift+0
刷新代码提示	Ctrl+ .	隐藏面板	F4
缩进代码	Shift+Ctrl+ >	标尺显示	Ctrl+Alt+R
凸出代码	Shift+Ctrl+ <	显示网格	Ctrl+Alt+G
平衡大括弧	Ctrl+ '	靠齐到网格	Ctrl+Alt+Shift+G

续表

查看菜单		修改菜单	
命令	快捷键	命令	快捷键
显示辅助线	Ctrl+ ;	对齐下缘	Ctrl+Shift+6
锁定辅助线	Ctrl+Alt+ ;	设成宽度相同	Ctrl+Shift+7
靠齐辅助线	Ctrl+Shift+ ;	设成高度相同	Ctrl+Shift+9
辅助线靠齐元素	Ctrl+Shift+ /	格式菜单	
播放	Ctrl+Alt+P	命令	快捷键
停止	Ctrl+Alt+X	缩进	Ctrl+Alt+]
播放全部	Ctrl+Alt+Shift+P	凸出	Ctrl+Alt+[
停止全部	Ctrl+Alt+Shift+X	无段落样式	Ctrl+0
代码浏览器	Ctrl+Alt+N	段落	Ctrl+Shift+P
插入菜单		标题 1	Ctrl+1
命令	快捷键	标题 2	Ctrl+2
标签	Ctrl+E	标题 3	Ctrl+3
图像	Ctrl+Alt+I	标题 4	Ctrl+4
SWF	Ctrl+Alt+F	标题 5	Ctrl+5
表格	Ctrl+Alt+T	标题 6	Ctrl+6
命名锚记	Ctrl+Alt+A	左对齐	Ctrl+Alt+Shift+L
换行符	Shift+Enter	居中对齐	Ctrl+Alt+Shift+C
不换行空格	Ctrl+Shift+Space	右对齐	Ctrl+Alt+Shift+R
可编辑区域	Ctrl+Alt+V	两端对齐	Ctrl+Alt+Shift+J
修改菜单		粗体	Ctrl+B
命令	快捷键	斜体	Ctrl+I
页面属性	Ctrl+J	命令菜单	
CSS 样式	Shift+F11	命令	快捷键
快速标签编辑器	Ctrl+T	开始录制	Ctrl+Shift+X
创建链接	Ctrl+L	检查拼写	Shift+F7
移除链接	Ctrl+Shift+L	站点菜单	
合并单元格	Ctrl+Alt+M	命令	快捷键
拆分单元格	Ctrl+Alt+S	获取	Ctrl+Shift+D
插入行	Ctrl+M	取出	Ctrl+Alt+Shift+D
插入列	Ctrl+Shift+A	上传	Ctrl+Shift+U
删除行	Ctrl+Shift+M	存回	Ctrl+Alt+Shift+U
删除列	Ctrl+Shift+ –	检查站点范围的链接	Ctrl+F8
增加列宽	Ctrl+Shift+]	PhoneGap Build 服务	Ctrl+Alt+B
减少列宽	Ctrl+Shift+ [	PhoneGap Build 设置	Ctrl+Alt+Shift+B
左对齐	Ctrl+Shift+1	窗口菜单	
右对齐	Ctrl+Shift+3	命令	快捷键
上对齐	Ctrl+Shift+4	插入	Ctrl+F2

续表

窗口菜单		窗口菜单	
命令	快捷键	命令	快捷键
属性	Ctrl+F3	行为	Shift+F4
CSS 样式	Shift+F11	历史记录	Shift+F10
BusinessCatalyst	Ctrl+Shift+B	框架	Shift+F2
数据库	Ctrl+Shift+F10	代码标签器	F10
绑定	Ctrl+F10	搜索	F7
服务器行为	Ctrl+F9	隐藏面板	F4
组件	Ctrl+F7	**帮助菜单**	
文件	F8	命令	快捷键
代码片断	Shift+F9	帮助	F1
标签检查器	F9	参考	Shift+F1